情感与空间的启蒙：

建筑空间设计方法

付胜刚　吴超　徐玉倩　高雅　崔小平　著

清华大学出版社
北　京

内 容 简 介

《情感与空间的启蒙》是针对建筑学、城乡规划学、风景园林学专业基础教学的启蒙教材。本书试图探讨建筑空间设计与设计教学的价值观、专业观，以及目标、阶段和方法。本书分为："有境——空间设计训练"、"有情——空间情绪塑造练习"、"有理——城市空间设计教学" 三个部分。以渐进式的过程讨论空间的设计方法和情感价值的实现方式。从而在基础教学中，为教师构建专业教育的基本过程，为学生搭建专业学习的基础框架。

图书在版编目（CIP）数据

情感与空间的启蒙：建筑空间设计方法 / 付胜刚等著. — 北京：清华大学出版社，2021.7
ISBN 978-7-302-58341-7

Ⅰ. ①情…　Ⅱ. ①付…　Ⅲ. ①建筑空间—建筑设计　Ⅳ. ①TU2

中国版本图书馆CIP数据核字（2021）第111909号

责任编辑： 刘一琳　王　华
封面设计： 陈国熙
责任校对： 赵丽敏
责任印制： 杨　艳

出版发行： 清华大学出版社
网　　址： http://www.tup.com.cn, http://www.wqbook.com
地　　址： 北京清华大学学研大厦A座　**邮　　编：** 100084
社 总 机： 010-62770175　**邮　　购：** 010-62786544
投稿与读者服务： 010-62776969, c-service@tup.tsinghua.edu.cn
质量反馈： 010-62772015, zhiliang@tup.tsinghua.edu.cn
印 装 者： 北京博海升彩色印刷有限公司
经　　销： 全国新华书店
开　　本： 185mm × 260mm　**印　　张：** 16　**字　　数：** 469千字
版　　次： 2021年8月第1版　**印　　次：** 2021年8月第1次印刷
定　　价： 98.80元

产品编号：090368-01

前言——有理·有情·有境的“情感与空间的启蒙”

空间问题是人居环境设计相关专业所关注的核心问题，也是建筑学、城乡规划、风景园林专业教学的重点、难点和基本点。空间设计的目的是什么，它应该如何进行，如何被教授，它的关键点和认知框架是什么，如何让处于启蒙阶段的初学者进入空间设计的语境并掌握设计的基本方法，这些问题是本书阐述的重点。

古罗马建筑师维特鲁威在《建筑十书》中提出了“坚固、实用、美观”（solid, practical and beautiful）作为空间的原则和设计的目标，即便在动物世界中，我们也不难发现，鸟巢坚固的构造、蚁穴复杂的功能、求偶的园丁鸟对鸟巢的装饰，都表现着“坚固、实用、美观”的原则。那么，我们不禁提问：身为万物灵长的人类在进行空间设计时，其目的与动物筑巢（穴）究竟有无区别？

事实上，人类在进行空间设计时，会主动进行一种超越“坚固、实用、美观”的目的和意义，即对于“情感”价值的追求。不论是传统社会对于自然、宗教、祖先崇拜的呈现，以及对于权力、阶级、身份划分的回应，还是当代语境下对于历史、文化、艺术的阐释，以及对于生活、记忆、情感的抒发；不论是面对自然时对于生态环境的尊重，还是面对人类社会时对于城乡问题的回应；不论是对于宏大叙事的讲述，还是对于微观个体的关爱，人类会建立空间和某种情感的联系，完成设计更广泛的追求。我们认为，在“坚固、实用、美观”之外，加入情感的回应，是空间设计的完整目的。

因此，在面对空间设计的初学者时，教师应当进行的工作是空间与情感两个维度的启蒙。其能力体系架构分为：

（1）“有理”——面对复杂城市问题、行为需求的分析与研究能力。能够掌握自上而下的城市研究方法与自下而上的行为分析方法，最终将研究结论转化为适当的空间功能构成，从空间被使用的视角对城市问题和行为需求进行回应，并能提出观念设计——其一，设计概念：针对城市问题、行为需求描绘空间未来愿景与侧写；其二，空间概念：针对城市环境、城市空间肌理、城市空间尺度、城市特色、城市文化提取空间设计的语言和推演逻辑。

（2）“有情”——空间特色与空间情绪的塑造能力。能够在完成空间基本功能的前提下，落实观念设计对于特定空间品质的要求，具有空间修辞的基本能力，能够将设计概念中描绘未来空间场景的空间愿景与空间侧写的抽象的语言、画面进行实体空间化，拥有将情感向空间进行转译的能力。

（3）“有境”——空间设计的基本方法和基本能力。理解空间设计的空间语言、空间布局、空间结构等概念，并掌握空间设计推演的基本问题和基本方法。理解空间品质的塑造方法，具备空间设计的能力。

我们可以将“情感与空间的启蒙”中“有理—有情—有境”能力构架理解为：“城市研究与观念设计能力—情绪塑造与情感转译能力—空间设计与建筑表达能力”的基本过程。

在真实的建筑设计创作过程中，工作程序应该首先是“有理——城市研究与观念设计”，其次是“有情——情绪塑造与情感转译”，最终是“有境——空间设计与建筑表达”。

然而，针对启蒙阶段的空间设计初学者来说，空间设计的方法是最为单纯的问题，核心与边界较为明确。

空间的情绪塑造与观念设计，则涉及生活、想象、情感等问题，也涉及将抽象的情感向具象的空间进行转译的方法，较为抽象和复杂。

而城市研究与行为分析，更是涉及城乡规划、社会学、环境心理学、空间行为学的内容，在方法上，也涉及城市分析、文献调查、社会调研、地图术（mapping）、人类学调查等，难度最高，也最为综合。

所以，最终，根据“情感与空间的启蒙”所设计的教学课题，按照学生的认知规律，从单纯到复杂、从具象到抽象、从建筑到城市分为三个部分：

（1）有境——空间设计训练；

（2）有情——空间情绪塑造练习；

（3）有理——城市空间设计教学。

这三个部分分别对应：空间设计与建筑表达能力、情绪塑造与情感转译能力、城市研究与观念设计能力。

这也是本书所描述的三个章节。

有必要说明的是，“有境——空间设计训练”“有情——空间情绪塑造练习”是设计训练环节，是针对空间设计的基本方法、情感与空间的转译方法、空间情绪与特色的塑造方法的教学，为了能够更加聚焦教学问题，对建筑设计的条件进行了适当的限定、忽略和抽象。而“有理——城市空间设计教学”，则应该是针对真实的城市环境和城市问题进行调查、研究后进行的建筑设计，是更加全面、完整的设计课题。运用“训练＋设计”的方法，则能更加有针对性地进行空间设计教学。

目录

有境

一种从阅读到理解再到应用的循环

空间设计训练

如何让学生能够进行设计的自我学习？

如何摆脱在空间设计教学中谈论感觉？

如何与学生建立空间问题的语境？

如何建立空间设计的可教性？

我们能做什么？

一种从阅读到理解再到应用的循环

在“有境”的“空间设计训练”教学课题中，空间问题是唯一线索，培养和提高学生的空间设计能力是教学的目标。对于学生空间设计能力的培养分为三方面：

其一，是培养学生掌握空间设计的概念，其中包括空间语言、空间布局、空间结构的基本概念；也包括气候边界、水平交通、垂直交通、材料、细节的扩展概念；还应当包括空间设计的逻辑、建构规律等方法。这些概念和方法将直接构架起学生对空间的感知和审美并影响其空间设计能力。

其二，是培养学生的实际空间操作能力，引导学生运用空间设计的相关概念，使用模型、图纸等设计辅助方式去思考和推进空间设计方案。

其三，也是最重要的一点，是培养学生的自我学习能力。空间设计的学习是一个漫长的过程，在步入专业领域的伊始，教师还应该在完善学生空间设计基本概念和培养学生空间操作能力的同时，教导学生在日常的学习中，如何通过工程项目的实地考察、案例阅读解析等方式来独自进行“空间问题”思考和学习。

这就意味着：“有境”的“空间设计训练”的相关教案不能是教师单方面教授学生的空间设计教学，而应该是教师和学生并肩作战，共同探索空间问题的空间设计研究。

在构建教案之前，首先要了解探索空间问题和学习空间设计的过程。在学生的日常生活和学习中，汲取空间设计相关知识最直接的来源是先例建筑方案。学生可以通过现场考察、书籍和杂志的阅读、互联网信息的推送和搜索等诸多方式获取大量的优秀先例建筑方案。所以，先例建筑方案的阅读和解析能力在空间设计能力的培养方面是排首位的。

如何将先例建筑方案中的环境、用地、功能、场所等诸多信息逐层剥离，从原理和方法层面理解先例建筑方案中的基本空间问题，做到能阅读、会阅读先例建筑方案，这是学生对于空间设计的自我学习的第一步，同时也是重要的一步。

在先例建筑方案中获得空间设计的基本原理后，则是对这些基本的原理的运用问题。如何在这些基本原理之上，使用空间操作的具体手法，逐步扩充关于环境、用地、功能、场所的诸多要素，使之再次形成一个属于自己的完整的空间设计方案，这是学生对于空间设计学习的第二步，这个过程需要教师、教案、课题的引导。

我们可以把这种过程理解为一种“循环”：一种从阅读到理解再到应用的循环；一种以先例建筑为起点的，先将复杂的建筑设计问题转换为简单的空间设计原理，再将简单的空间设计原理丰富为复杂的空间设计方案的循环；一种先“抽丝剥茧”、找寻原点，再“添砖加瓦”，形成方案的循环。

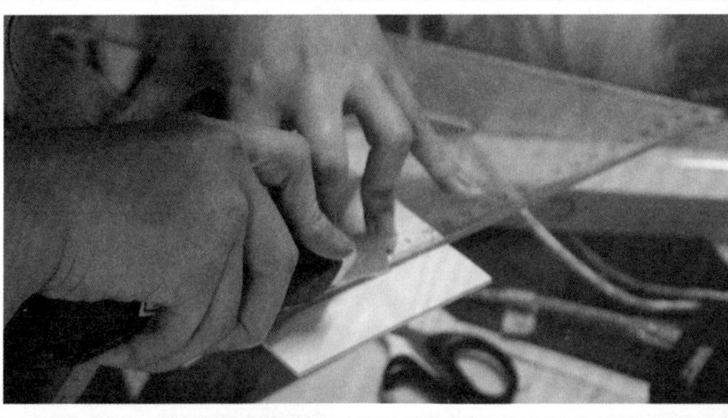

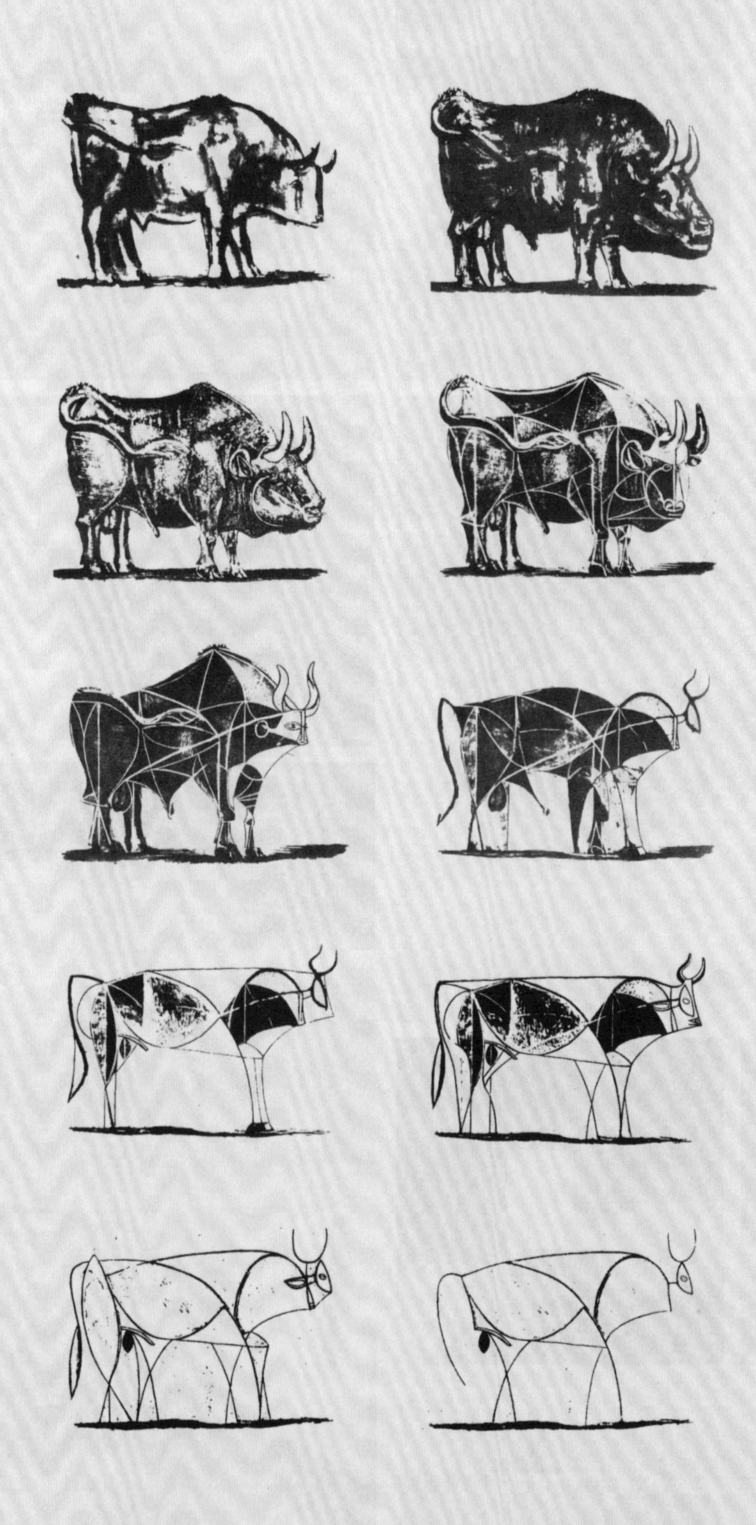

图片来源 / 作者改绘

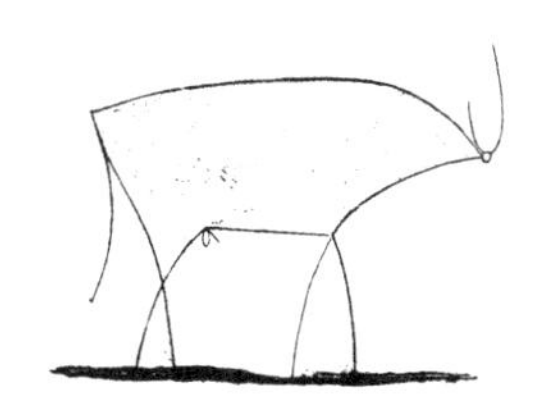

毕加索公牛手稿

最初稿·1945.12.05
第二稿·1945.12.12
第三稿·1945.12.18
第四稿·1945.12.22
第五稿·1945.12.24
第六稿·1945.12.26
第七稿·1945.12.28
第八稿·1946.01.02
第九稿·1946.01.05
第十稿·1946.01.10
最终稿·1946.01.17

1 以“先例建筑解析”为起点

学会阅读和解析先例建筑对于作为空间设计初学者的学生们来说是非常重要的。它可以拓展学生们对空间设计理解的深度和广度，让他们在亲眼看见一座先例建筑或者拿到相关设计资料时有的放矢，知道从哪里下手，用什么方式去剖析这一复杂的人造物，并从中学习到设计的方法，从而建立他们的自信心，打消他们对于空间设计的陌生感和惧怕感。

对于先例建筑的阅读和解析分为两个步骤：

第一步是要对先例建筑足够熟悉，要对先例建筑的平面图、立面图、剖面图、建筑空间、环境设计等有着非常深入的了解，这些是下一步对它进行解读的前提。

第二步是对先例建筑的解析。建筑解析的方法有很多种，在传统的教学中，普遍偏向更为全面的解析方法，即从建筑师进行实际工程项目的角度出发，分析建筑的区位、环境、用地条件、功能、空间特征、采光通风、结构、构造、材料等多方面要素，形成对先例建筑的通盘理解。

这种方式当然可以更加全面地剖析建筑的特点，但由于所照应的条件过于复杂，学生在解析的过程中很容易陷入各种细节中泛泛而谈，让空间问题淹没其中，隔靴搔痒，大而空地谈论建筑，而不是专注在某一点上，对先例建筑的某种特质进行深入的研究。

我们所要求的解析方式趋向于纯粹的空间设计方法解析。它的本质是单纯的空间问题的解读和梳理，是一种逐步抽象的推演过程。学生在这个过程中，只用专注于空间问题，在解析伊始就建立清晰的空间构架，将复杂的建筑设计问题抽丝剥茧，只讨论空间和空间设计方法。这种解析方式，与毕加索创作绘画作品《公牛》时的思考方式很类似，尽量地简化和抽象观察对象的本质特点，将不必要的要素一一剥离，不停思考还可不可以用更加简单的线条描绘对象的特征。

在先例建筑解析中，我们也希望为学生建构这种思考方式，并为学生提供解析的语境和目标。

1.1 “先例建筑解析”的三个语境

对于先例建筑的解析、抽象和简化过程不应该是盲目的，在这一过程中，教师应该帮助作为初学者的学生设定解析的目标和终点。影响空间设计最重要的因素，我们认为分为以下三点：

1）空间语言

它是空间设计的动机和起点，是设计师营造空间的手法。我们将空间设计的语言理解为一种最简单和纯粹的“动作”，在空间的处理上，设计师需要通过例如嵌套、掏挖、折叠、穿插等动作形成最初的空间形态，并由此形成在形态内部的空间特点。学生在解析过程中，首先要通过自身的观察、阅读和理解发现先例建筑的空间语言。我们不认为这种发现是有标准答案的，对于每一名学生来说，都可以形成自身独特的结论，它应该是学生和先例建筑进行对话时，自主发现的一种设计起点。我们应做出的唯一的要求是：必须是可被描述的、单纯的“动作”。

2）空间布局

它是不同功能空间的布局原则，是功能布置的基本原则。不同功能类型的建筑对空间的布局有不同的要求，它具有一定的复杂性，为了让学生能够更好地对空间布局的原则进行更为直观的理解，我们将复杂的空间布局总结为公共空间、半私密空间、私密空间、交通空间、功能性空间五类。在解析过程中，学生首先要对不同功能的房间进行梳理，抽象为不同性质的空间，再对这些空间的布局方式进行总结。

3）空间结构

它是空间的组织逻辑。优秀的设计师在进行空间设计时，空间布置不仅由功能决定，还应注重组织逻辑。我们将这种组织逻辑理解为一种“主”和“次”的关系，它主要解决空间和空间之间联系逻辑的问题。不同的空间设计方案有不同的空间结构，例如：以交通空间为主，组织开放空间和私密空间的结构关系；以开放空间为主，组织其他私密空间的结构关系等。在进行案例解析时，学生需要通过分析与理解，对先例建筑的空间结构进行总结。

空间语言是设计的手法和起点；空间布局是功能布局的原则；空间结构是空间组织的逻辑，学生在先例建筑的解析中获得这三个基本的语境，然后以此作为自身设计的开端，完成空间设计训练。

1.2 示例

我们选择三个先例建筑案例作为示范，展示对于建筑“空间语言”“空间布局”“空间结构”的梳理方式的一种可能性。这三个案例分别为：

——勒·柯布西耶的萨伏伊别墅；

——安藤忠雄的住吉的长屋；

——密斯·范·德·罗的巴塞罗那国际博览会德国馆。

勒·柯布西耶的萨伏伊别墅

图片来源 /王嘉琪

安藤忠雄的住吉的长屋

图片来源 /建筑抄绘笔记 .住宅的本质：灵魂栖息之所 [EB/OL].(2019-07-01)[2020-04-25]. http://www.yyooke.com/index/article/detail/id/922.html.

密斯·范·德·罗的巴塞罗那国际博览会德国馆

图片来源 /ELLEN.西班牙巴塞罗那世博会德国馆 [EB/OL].(2013-10-22)[2020-05-26]. http://www.archcy.com/focus/times/70e8358057a69ba8.

萨伏伊别墅 · The Villa Savoye · 1930

图片来源 /王嘉琪

萨伏伊别墅模型

图片来源 /作者自绘

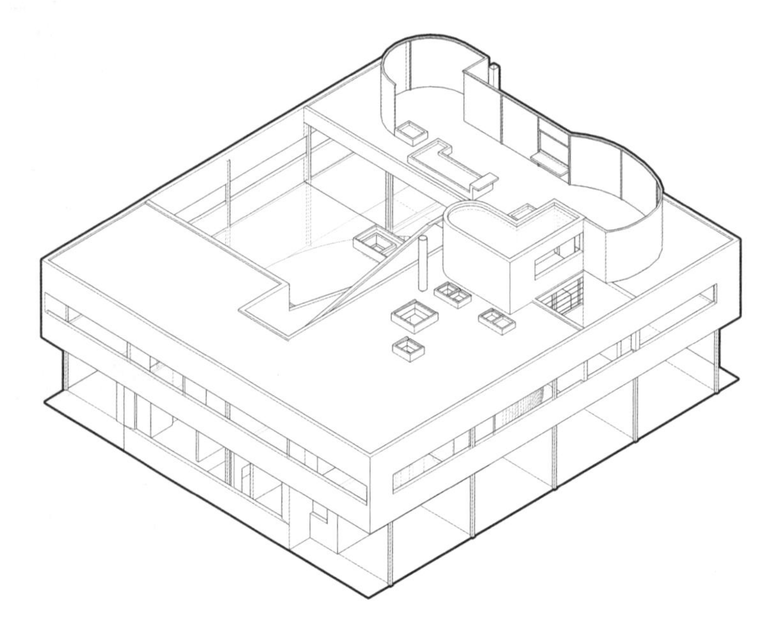

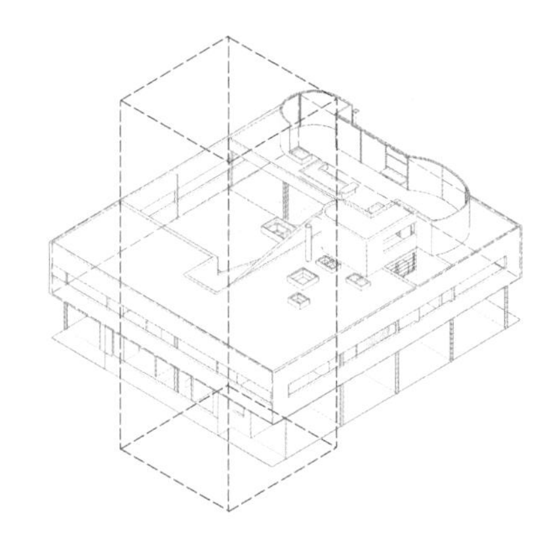

空间语言分析——以空间体积的“穿插”为基本的语言

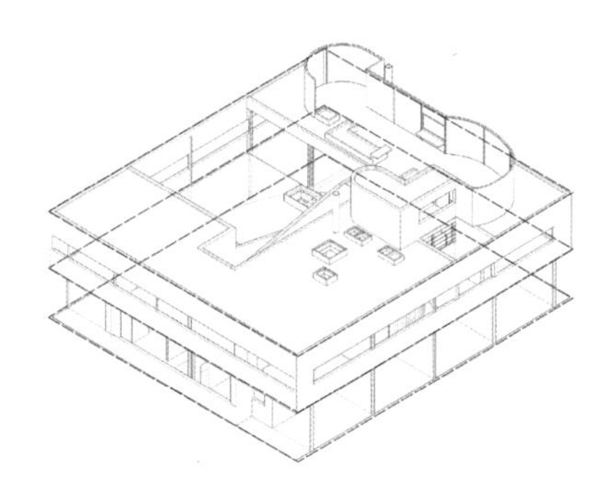

空间布局分析——公共、私密空间沿垂直方向布置

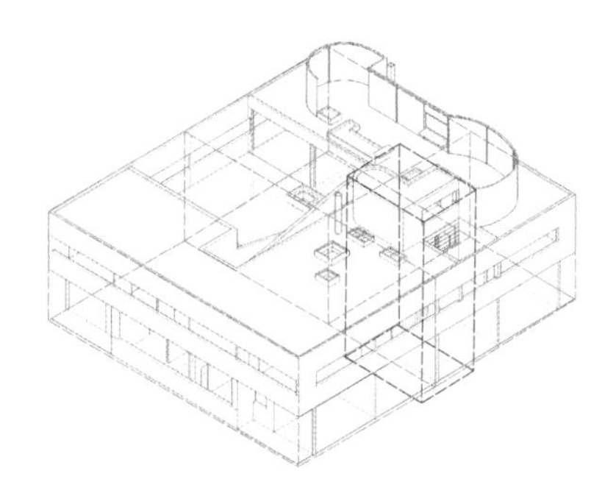

空间结构分析——以垂直交通为骨架连接各类空间

图片来源 /作者自绘

住吉的长屋 · Azuma House · 1975

图片来源 /平面设计图 . 住吉的长屋剖面图 [EB/OL]. [2020-05-28]. http://pm.11033.net/%E4%BD%8F%E5%90%89%E7%9A%84%E9%95%BF%E5%B1%8B%E5%89%96%E9%9D%A2%E5%9B%BE/.

住吉的长屋模型

图片来源 /作者自绘

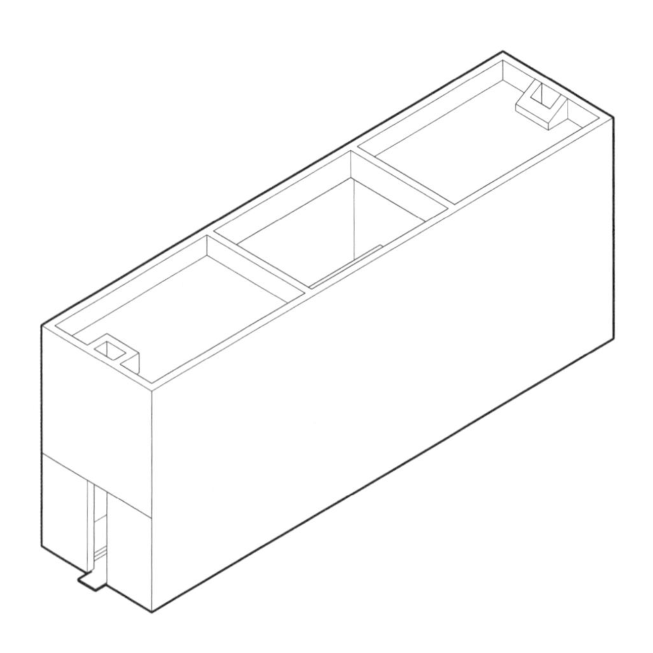

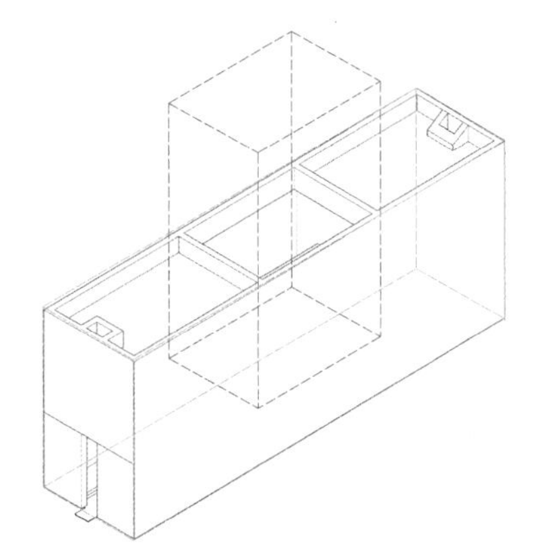

空间语言分析——以空间体积的“掏挖”为基本的语言

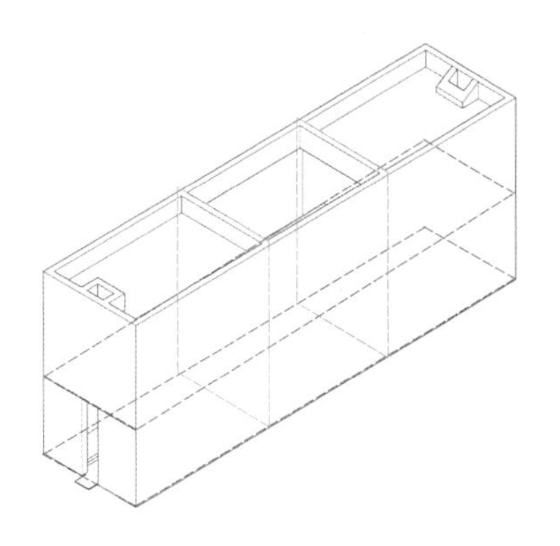

空间布局分析——公共、私密空间由外而内布置

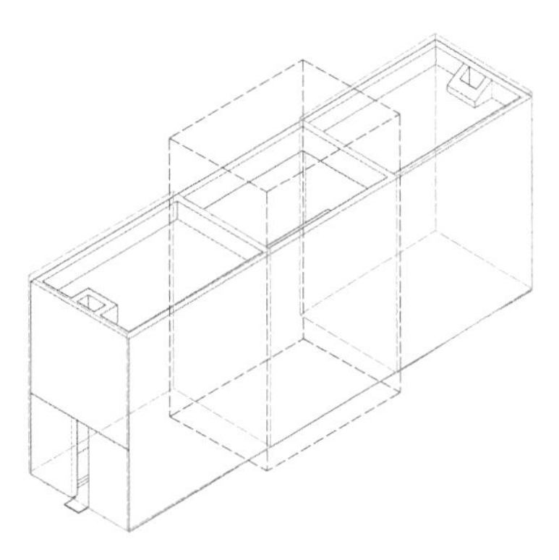

空间结构分析——以庭院为核心连接各类空间

图片来源 /作者自绘

巴塞罗那国际博览会德国馆·Barcelona Pavilion · 1929

图片来源/李益中设计. 玻璃建筑之父:路德维希·密斯·凡德罗 [EB/OL]. (2016-08-12)[2020-05-28]. http://blog.sina.com.cn/s/blog_6b36d1790102w8r0.html.

巴塞罗那国际博览会德国馆模型

图片来源/作者自绘

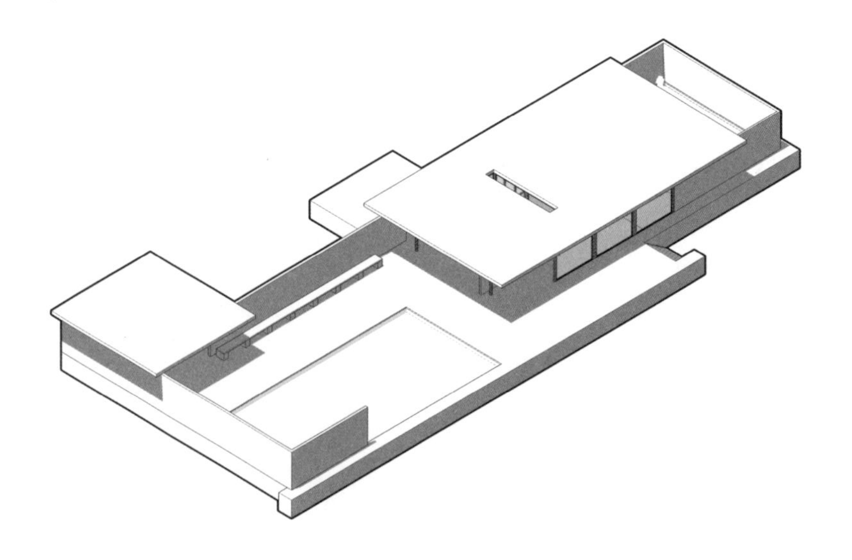

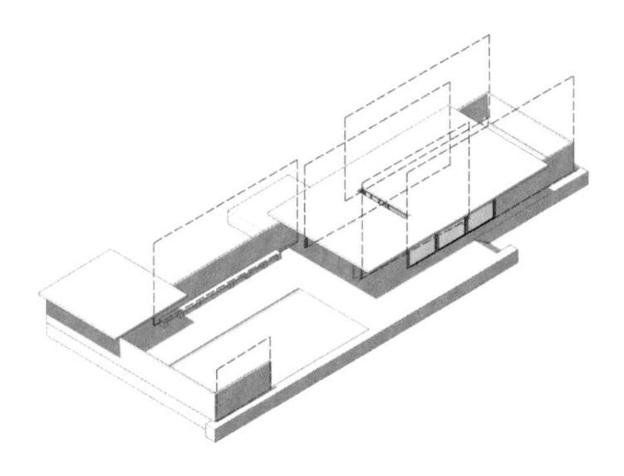

空间语言分析——以面的平行错动为基本的语言

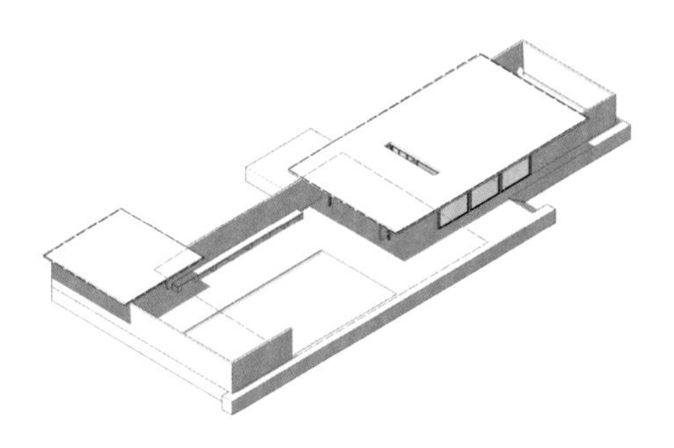

空间布局分析——公共、私密空间平行交错布置

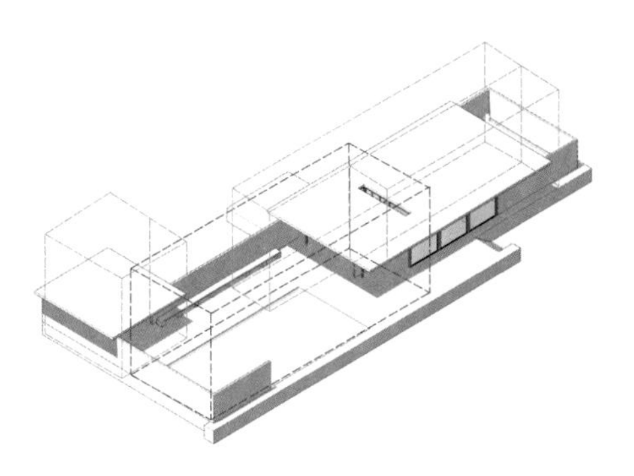

空间结构分析——以庭院为核心交错连接各类空间

图片来源 /作者自绘

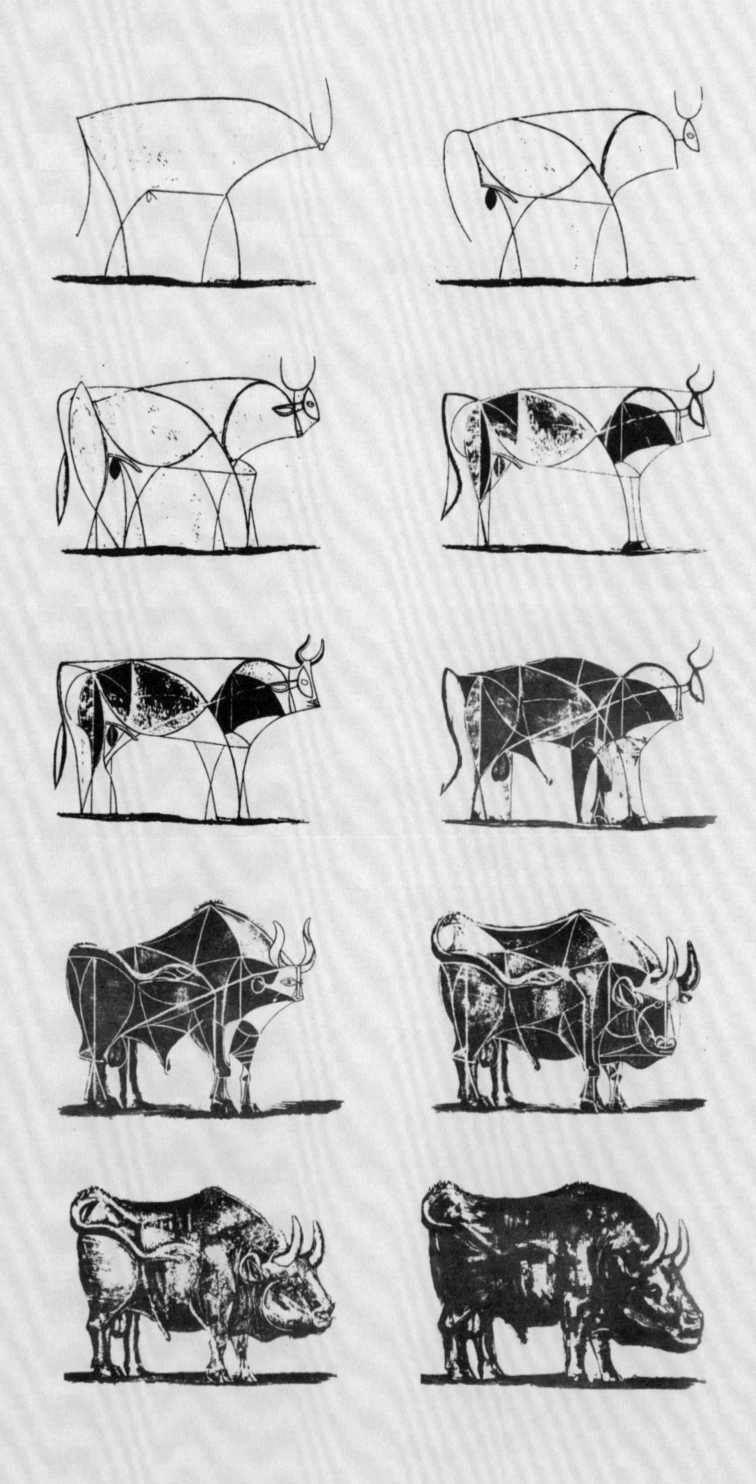

图片来源 /作者改绘

毕加索公牛手稿

最初稿·1945.12.05
第二稿·1945.12.12
第三稿·1945.12.18
第四稿·1945.12.22
第五稿·1945.12.24
第六稿·1945.12.26
第七稿·1945.12.28
第八稿·1946.01.02
第九稿·1946.01.05
第十稿·1946.01.10
最终稿·1946.01.17

在先例建筑的解析完成后，不同的学生应该通过自己的分析研究，获得了不同的空间语言、空间布局和空间结构作为未来空间设计的起点。我们鼓励学生们从自己的角度出发，尽可能多地发现先例建筑所带给他们的启发，不拘泥于绝对的正确和与设计者或者教师的观点保持一致。我们希望他们在这个过程中建立自己对于先例建筑阅读和理解的观点，教师在其中只起到提供方法和语境的引导作用。

2　以“空间设计”为目标

先例建筑的解读应该只提供起点，而空间设计则需要路径和方法加以实现。

我们还以毕加索的《公牛》为例，当我们一步步地抽丝剥茧，不停地思考是否还有更简单和单纯的方式来表达和描述一个事物，并在最终完成对复杂对象的抽象并获得一个最为初始的概念之后，我们是否可以尝试逆着这种路径再做一次“复盘”。

在空间设计的课题中，则是指在通过先例建筑的解析，当我们获得空间语言、空间布局、空间结构来作为设计起点之后，将区位、环境、用地条件、功能、空间特征、采光通风、结构、构造、材料等要素一点一点“回填”其中，获得完整的空间的过程。由于每个人对于先例建筑的不同理解，以及环境、用地条件、功能、空间特征的不同，设计的过程会产生更大的张力和创造性。

在教学过程中，教师应该以逻辑推演的形式让学生经历由浅入深、由简单到复杂、由抽象到具象的学习过程，逐步添加区位、环境、用地条件、功能、空间特征、采光通风、结构、构造、材料等要素，从而使学生更加主动地完成教学内容。

2.1 “空间设计训练”的四个语境

除了在先例建筑解析中所提供的空间语言、空间布局和空间结构以外，在空间设计训练中，我们还需要提供给学生的，影响空间设计的要素是什么?

1）空间的功能与数量

它是空间“被使用的意义”。空间的功能与数量在某种程度上决定了建筑设计的难度，是空间设计者最常面对的问题，它与空间语言、空间布局和空间结构的问题直接相关，对不同数量和功能的空间进行空间布局的梳理、空间结构的组织并赋予空间语言是空间设计最重要的问题。

对于空间的功能与数量这一要素的处理，在现实的工程设计项目中，是对任务书的梳理和归类过程。空间设计者，特别是空间设计的初学者尤其需要在空间设计之前首先对“空间的功能与数量”即建筑的任务书进行梳理，学会将不同功能和数量的空间进行归类，将其按照“空间布局”的布局原则，抽象理解为公共空间、半私密空间、私密空间、交通空间、功能性空间五类，并在此基础上明确其“空间结构”，才能在空间设计训练的课题中与在先例建筑解析中所提供的空间语言、空间布局和空间结构相呼应，作为设计的一个步骤。以下选择在传统低年级空间设计教学中常见的几类功能为例，其中包括独立式住宅、学校、客舍、社区服务中心等。并简要说明其梳理方式。

独立住宅

空间类型	空间
公共空间	庭院
	门厅
	客厅
半私密空间	餐厅
	厨房
	起居室
	影音室
私密空间	卧室
	书房
	浴室
交通空间	走廊
	楼梯间
功能性空间	卫生间

图片来源 /学生作业

学 校

公共空间	大厅
	廊厅
	操场
半私密空间	会议室
	厨房
	会客室
私密空间	普通教室
	特殊教室
交通空间	楼梯间
	走廊
功能性空间	门卫室
	办公室
	卫生间

客 舍

公共空间	门厅
	商场
	商务中心
半私密空间	餐厅
	庭院
	娱乐室
私密空间	客房
交通空间	楼梯间
	走廊
功能性空间	门卫室（行李间）
	厨房
	布草间
	卫生间

社区服务中心

公共空间	门厅
	大厅
半私密空间	会议室
	会客室
私密空间	活动室
	教室
	办公室
交通空间	楼梯间
	过厅
	走廊
功能性空间	门卫室
	仓库
	卫生间

2）空间品质

它是空间“审美的意义”。单纯地按照功能组织空间是远远不够的。空间的审美来自于不同的空间形态、空间关系以及空间的叙事性对人们心理的映射。空间的叙事性将在“有情”的空间设计训练中展开介绍。在“有境”的空间设计训练的课题中，我们为学生提供两种提高空间品质的方法和路径，即空间形态的塑造和空间关系的塑造。

——空间形态的塑造：设计师通过改变空间的某一向量，如长、宽、高等，塑造空间的高大、狭窄、低矮等特征，来服务于设计师对于不同功能空间对于神秘、庄重、静谧、宜人等要求。

在中国古典建筑中，故宫太和殿广场作为叙事性空间最重要的环节，通过“院”和“场”的形态塑造，实现“庄严”的空间品质；在西方古典建筑中，万神庙通过改变空间垂直方向的向量，用“高耸”的空间塑造“神圣”的空间感受；在现代建筑的设计中，卒姆托也通过“高耸”来实现克劳斯兄弟小教堂中空间的“神圣”感。

——空间关系的塑造：设计师通过改变空间与空间之间的联系，制造空间的“透明性”来丰富空间的关系；或者通过嵌入庭院的方式，将空间的联系由直接联系改编为通过外环境连接的间接联系，从而提高两个空间的品质。

在中国古典建筑中，苏州园林通过开窗、开门、开洞的方式达成取景、借景，通过实现的穿透达成空间之间的视觉联系；在现代建筑的设计中，密斯 · 范 · 德 · 罗所设计的巴塞罗那国际博览会德国馆则是通过片墙来分隔空间，造成空间的暧昧区域，形成透明性。

图片来源 /学生作业

空间品质塑造的两种方式　图片来源 /作者自绘

两个普通的被隔离的空间

空间关系的塑造：丰富空间的联系方式

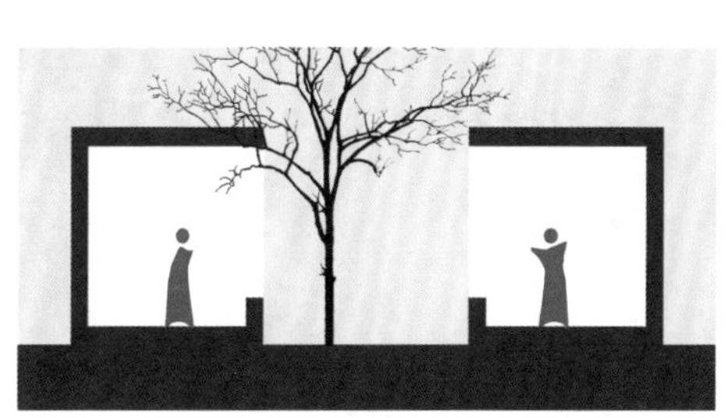

空间关系的塑造：使用庭院扩展空间联系

空间形态的塑造：制造明确的空间向量的变化

本福寺水御堂 · 安藤忠雄

图片来源 /大众点评 dayyyyy. 本福寺水御堂 [EB/OL]. (2018-06-09)[2020-07-25]. http://www.dianping.com/photos/1146351972.

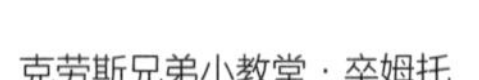

克劳斯兄弟小教堂 · 卒姆托

图片来源 /搜狐设计系 . 彼得 · 卒姆托 |菲尔德克劳斯兄弟小教堂 Bruder Klaus Kapelle及木屋 Luzi[EB/OL]. (2017-04-08) [2020-06-14]. https://www.sohu.com/a/132809863_301071.

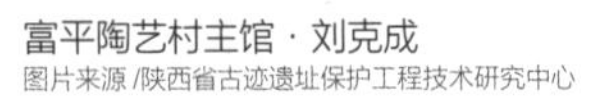

富平陶艺村主馆 · 刘克成

图片来源 /陕西省古迹遗址保护工程技术研究中心

通过“空间形态的塑造”实现空间品质的案例

图片来源 /作者自绘

空间形态的塑造：狭窄深邃

本福寺水御堂入口的设计通过使用狭长的楼梯甬道穿过水面，形成狭窄而深邃的空间效果。

空间形态的塑造：高耸神秘

克劳斯兄弟小教堂的设计通过使用增加空间垂直方向向量的手法，营造空间的高耸感和神秘感。

空间形态的塑造：深远庄重

富平陶艺村主馆的设计通过使用增加空间水平方向向量的手法，使空间长而深邃，充满庄重感。

瓦尔斯温泉浴场 · 卒姆托

图片来源 /石材合作社 . 两种特色石材赏析 [EB/OL]. (2012-12-23) [2020-07-14]. http://blog.fang.com/39157483/16085077/articledetail.htm.

长城脚下的公社之竹屋 · 隈研吾

图片来源 /榆城古风 . 隈研吾：长城脚下的公社之竹屋 [EB/OL]. (2014-05-29) [2020-06-02].http://www.360doc.com/content/14/0529/10/1470002_381940717.shtml.

龙美术馆西岸馆 · 大舍建筑 · 柳亦春

图片来源 /苏圣亮 夏至 . 龙美术馆 (西岸馆)设计方案 [EB/OL]. (2015-08-24) [2020-07-14]. http://gc.zbj.com/20150824/n10379.shtml.

通过“空间关系的塑造”实现空间品质的案例

图片来源/作者自绘

空间关系的塑造：穿插

瓦尔斯温泉浴场的设计通过墙体在平面上的组合，挤压出丰富的可穿插的空间。

空间关系的塑造：对望

竹屋的设计通过平面的错动和垂直方向地面标高的处理，营造出对望的空间效果。

空间关系的塑造：交错

龙美术馆西岸馆的设计通过不同标高空间的视线关系，在一个大空间中创造了多个交错的小空间。

3）材质与细节

首先，选材与构造的应用能力是建筑师非常重要的专业能力。材质与细节的设计往往可以成为空间设计的起点。有很多建筑师从材料与构造的角度出发思考建筑、空间的问题。如生土建筑、隈研吾对“木材”的使用、密斯·范·德·罗对钢和玻璃的使用等。

但在本次教学中，我们将材质与细节理解为空间“被使用的意义”和“审美的意义”。材质与细节一方面是完善空间“被使用的意义”的重要因素：材料与构造、质感与表达以及建筑部件的设计无一不影响着空间被使用的效率；另一方面也是丰富空间“审美的意义”所不可或缺的部分：不同建筑材料的质感，不同的细节、构造设计直接影响空间的品质。

——材质的“质感意义”：材质的“质感意义”直接影响空间的性格。比如石材通常给人以厚重感、混凝土给人肃穆的感受、木材给人温暖的心理暗示等。合理运用材料改变空间的性格和质感，不仅可以帮助设计师更加明确地阐述空间的意义，也能配合空间的功能，突出空间“被使用的意义”。

比如，当空间是发挥居住功能时，可以通过较为柔软的材料质感突出宜居性；当空间是发挥展示功能时，可以通过较为冰冷和素净的材料质感将建筑消隐，突出展品自身的特点等。

以下几例，说明材质对同一个空间的空间气氛进行改变的“质感意义”。

刘克成——富乐国际陶艺馆主馆
参与设计师 /刘克成、许东明、周铁刚
图片来源 /刘克成工作室

材质与材料对于空间的“质感意义” 图片来源 /作者自绘

“木”质感的空间

“混凝土”质感的空间

“纯白”质感的空间

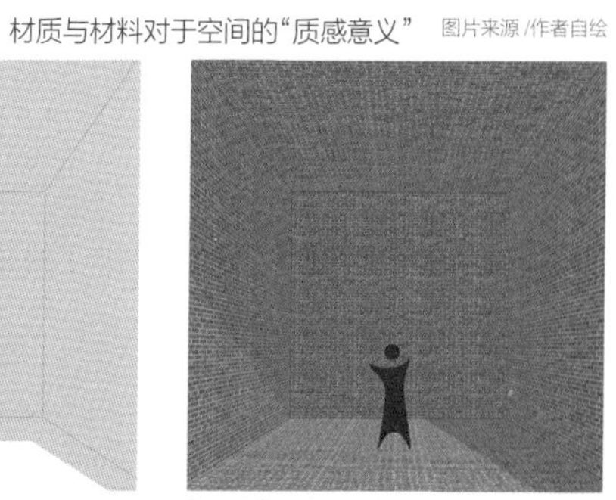

“红砖”质感的空间

“金属锈板”质感的空间

“贴面砖”质感的空间

“毛石”质感的空间

“青砖”质感的空间

荷兰鹿特丹市场

图片来源 /Daria Scagliola+Stijn Brakkee. Markthal Rotterdam / MVRDV[EB/OL]. (2014-10-08) [2020-05-30]. https://www.archdaily.com/553933/markthal-rotterdam-mvrdv?ad_source=search&ad_medium=search_result_all.

——材质的“空间意义”：材质的“空间意义”直接影响人使用空间的行为方式。材质改变空间围合要素的特性不仅带来视觉上的审美意义，更能够帮助设计者说明自己的设计意图，比如通过改变掏挖后留下的空间界面的材料，加强对掏挖的空间语言的解释和说明。

另外，同一面墙使用不同的材质，会给使用者带来不同的心理暗示，影响使用者对于空间语言、空间方向、功能划分等的理解。比如在走廊之中，改变一侧墙面的材料质感，暗示空间的方向等；再如博物馆的两个展厅，由于展示的内容不同，采用不同质感的材料对两个展厅进行设计，可以向使用者说明空间的不同划分。

所以，当我们谈论材质时，它不只是关于“如何让建筑更好看”的问题，还包含了很多具体的空间心理和行为的问题。设计者应该通过材料使用及其质感的设计加强与使用者的沟通，并通过这种方法让自身的设计更加清晰，提高空间的可阅读性。

以下几例，分别从材料材质对空间语言的阐释，以及对空间方向、功能划分等的改变两个方面，分别说明材料的空间意义。

材质对掏挖的空间语言的阐释　图片来源 /作者自绘

两道 U形的墙组成的空间

强调空间组成要素

强调空间的分割要素

强调空间组织要素的边界

强调空间的内部特征

强调空间水平展开的特征

强调空间的一个方向

强调空间的范围

材质的空间意义 图片来源 /作者自绘

材质与细节对方案的影响 图片来源/作者自绘

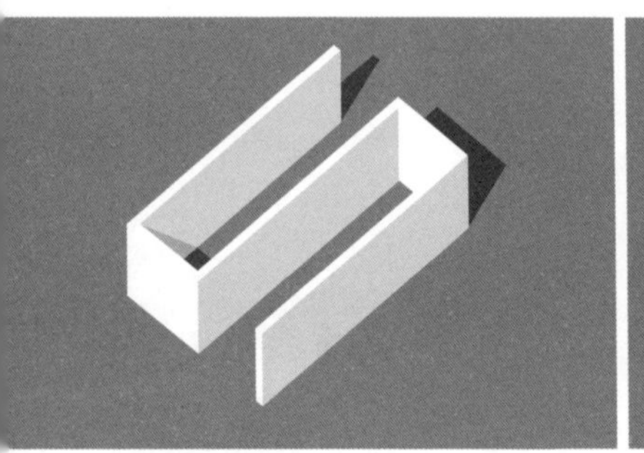

空间设计中最原始的“空间语言”

与空间语言相适应的材料处理

空间细节处理

——细节：空间的细节设计包括建筑部件（如开门、开窗、开洞、垂直交通等）在空间中位置的选择以及建筑部件的形式两个方面的问题。

针对建筑部件在空间设计中的位置的选择，不仅要考虑功能的合理性以及场地、环境的要求，更应该保证其与空间语言、空间结构这两项空间设计的基本语境之间的合理关系。设计者应该在设计中尽量让建筑部件位置选择的逻辑和空间语言的逻辑、空间结构的逻辑保持一致，使建筑部件成为空间语言和空间结构的有机部分。

在空间的审美意义上，建筑部件的位置应直接与空间语言和空间结构发生联系并对其给予补充，成为空间语言所限定的空间气候边界或空间结构所要求的交通形式，尽量避免在细节设计的开始，就破坏空间语言的纯粹意义和空间结构的完整性。

建筑部件形式的设计在满足功能要求之后，即为纯粹的审美意义。学生应该在教师的引导下，通过对先例建筑中建筑部件的形式设计学习，完成建筑部件形式设计手法的收集和积累工作，并合理运用在自身的空间设计之中。建筑部件形式美的培养必须经过漫长的过程。面对刚刚步入专业领域的空间设计的初学者，教师应该时刻引导他们养成勤于观察、勤于记录、勤于理解的好的学习习惯。

用地与环境对方案的影响 图片来源 /作者自绘

步骤 1：空间设计方案

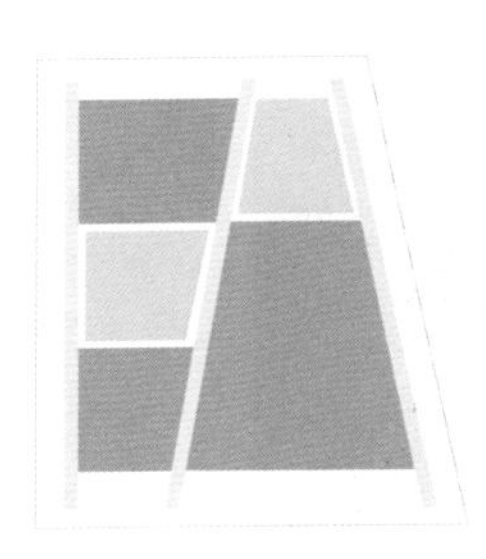

步骤 2：用地形态对空间设计的影响

步骤 3：道路位置对于建筑主入口及其环境的影响

4）用地与环境

在工程项目的设计中，用地的四至边界形态、道路交通、周边自然景观环境、建设情况、朝向、日照、风向、人流条件等都对空间设计产生了最为直接和重要的影响，也为设计者提供了设计的灵感、机遇和挑战。

在空间设计的训练中，作为初学者的低年级学生首次面对问题颇多的空间设计课题，教师应该做出抽象和简化的教案设计，尽量做到条目化，让学生明确在面对用地与环境要素时应该关注哪些主要问题，并学会对这些问题进行逐一的回应。在教学中，我们将用地与环境抽象和简化为以下几个条目。

——用地形态：在空间设计中，用地面积不可能永远是充足的，形态也不可能永远是规矩的。学生需要通过训练去梳理各类用地的形态，如方形用地、狭长形用地、带有明确角度的用地、异形用地、坡地等。

——朝向：用地的朝向直接影响日照、采光、通风等各种问题。

——周边道路状况：用地周边的道路情况直接影响场地和建筑物主入口以及公共空间和私密空间的布置问题。

——周边景观条件：用地周边的景观条件直接影响空间布置的利益权衡，如哪些空间需要更好的景观面，如何进行用地内部和外部景观的呼应，如何设置庭院空间等问题。

当然，关于用地与环境问题还有很多其他方面的影响要素，我们希望通过抽离出其中对空间影响最强烈的几类要素，重在培养学生的用地与环境意识及其对应的基本方法。

2.2　渐进式的空间设计训练方法

人们对于空间的理解是整体的和综合的，然而为了让学生能够系统地对空间及其设计方法进行认知和学习，教学方式应该是渐进式的。

空间设计训练分为“小尺度空间设计训练”和“群体空间设计训练”两个专题，在每个专题中，教师应将设计的过程“切片”形成不同阶段的明确的设计任务。每个阶段的设计任务应尽量独立并作为下一阶段设计任务的前提出现，将复杂问题“切片”成为若干相互串联、互为因果的简单问题。并在每个阶段分别设置易于操作、针对性强的作业，以逻辑推演的形式让学生经历由浅入深、由简单到复杂、由抽象到具象的学习过程，从而使学生更加主动地完成教学内容。

3　以“模型推进”为教学手段

手工模型作为现今空间设计教学的基本手段，具有直观性和互动性的特点。以模型为基本的教学手段，设计的阶段也应该以模型为基础进行推进。每个阶段的模型在完成该阶段教学任务的基础上，也应该作为设计的阶段性成果，在最终作业图纸中出现。这种方法提高了模型对于设计进行反馈的互动性作用。

手工模型的直观性为学生提供了“空间观察”的可能性。在设计构思、方案发展和方案修正的过程中，教师应该要求学生对每个阶段的手工模型进行充分的观察，并运用徒手草图及模型照片的方式加以记录，引导学生发现空间的趣味性和发展的可能性，思考多种因素对于设计的影响，培养学生主动发现、主动设计、勤于动手、勤于动脑的良好习惯。

01. 方 法 | Method
02. 安 排 | Calendar
03. 过 程 | Process
04. 习 作 | Work

阶段 /PHASE	课题 /THEME
1. 先例建筑解析	对先例建筑进行全面的了解并在此基础上完成自身对先例建筑的解析（本部分内容与“小尺度空间设计训练”关系紧密，故在其“先例建筑与空间语言”一节中详述）
2. 小尺度空间设计训练	针对 200 平方米左右的小尺度空间进行空间设计训练，空间功能为展示功能的空间、居住功能的空间或餐饮休闲功能的空间
3. 群体空间设计训练	针对重复性的群体空间进行空间设计训练，空间功能类型为类客舍空间、类学校空间等

内容 /DETAIL

1. 先例建筑的平面图、立面图、剖面图抄绘（1 : 100）；
2. 先例建筑模型制作（1 : 50~1 : 200）；
3. 先例建筑的“空间语言”“空间布局”“空间结构”的解析。

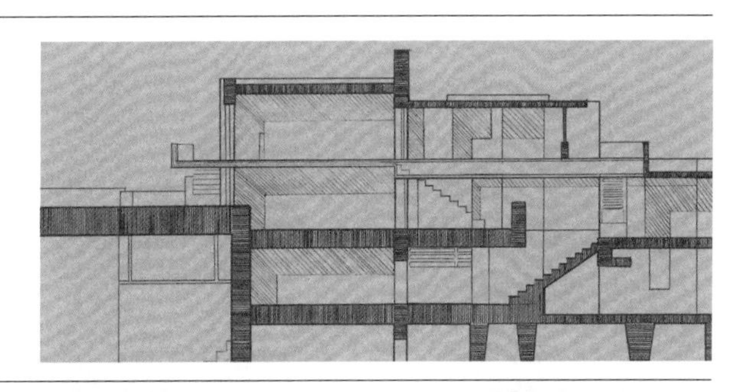

步骤 1：先例建筑与空间语言
步骤 2：空间的布局与结构
步骤 3：空间的品质
步骤 4：空间的材质与细节
步骤 5：空间的用地与环境

步骤 1：空间语言
步骤 2：用地条件与基本功能单元的介入
步骤 3：特殊功能单元的介入
步骤 4：交通空间与室内外边界的设计
步骤 5：材料与色彩的设计
步骤 6：尺度与细节的调整
步骤 7：建筑图纸的表达与成果模型的制作

图片来源 /学生作业

小尺度空间设计训练教学过程

步骤 1：先例建筑与空间语言

步骤 2：空间的布局与结构

步骤 3：空间的品质

步骤 4：空间的材质与细节

步骤 5：空间的用地与环境

步骤 1：先例建筑与空间语言

教学目的是理解空间语言对于空间设计的意义；掌握从先例建筑中提取空间语言的方法；了解空间语言和空间布局、空间结构的结合方式。

本阶段的教学方法采用设计辅导与讲授相结合的方式。在教学过程中，教师引导学生在对先例建筑的抄绘以及模型制作的基础上，对先例建筑的空间语言、空间布局、空间结构进行提取。并进一步说明空间语言的内在空间操作逻辑，如切割、掏挖、弯折、堆叠等。在本阶段，教师应强调空间语言的差异性和清晰性，引导学生建立符合其特性的空间形态基本原型。设计成果为 A4 底盘的手工概念草模。

住吉的长屋

图片来源 /经典住宅合辑 . 从阿尔托到库哈斯，探讨住宅设计的落脚点 [EB/OL].（2020-04-14）[2020.11.25]. https://www.sohu.com/a/388037796_368756.

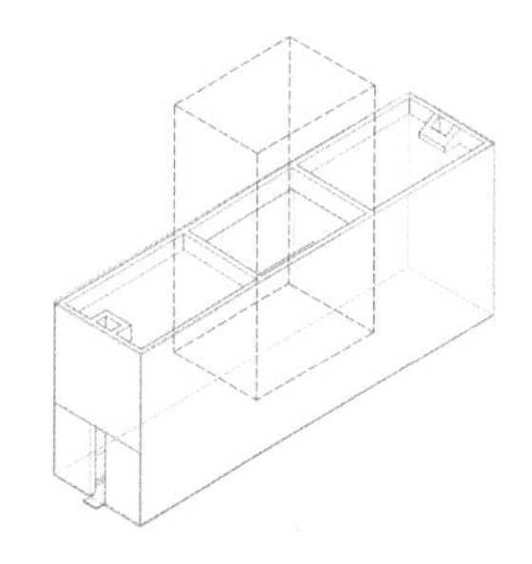

空间语言分析

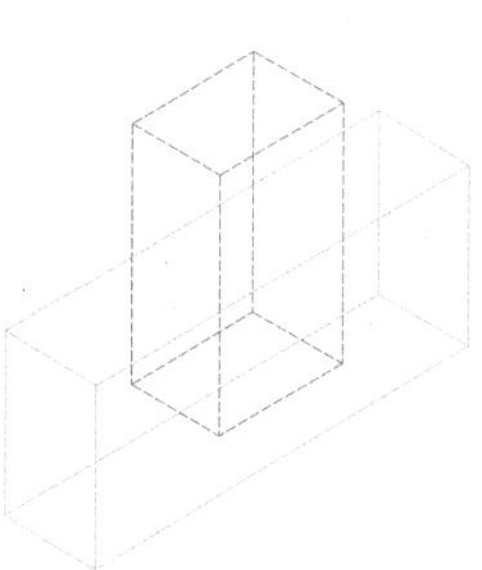

空间语言提取

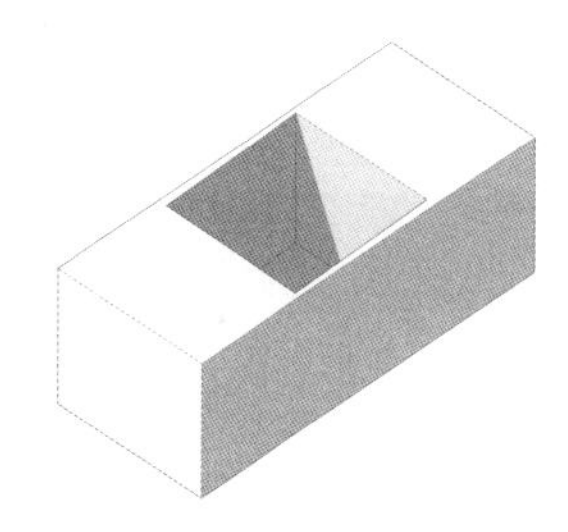

“掏挖”的空间语言

图片来源 /作者自绘

步骤 2：空间的布局与结构

教学目的是理解空间布局和空间结构对空间设计的影响，掌握空间功能的梳理方式和布局方式。

本阶段的教学方法采用设计辅导与讲授相结合的方式。在教学过程中，教师向学生限定空间的功能与数量，其中包括两个开放空间、三个私密空间、两个半私密空间、三个功能性空间、交通空间及其他空间，要求学生使用“空间语言”的推演方式，并结合通过先例建筑解析所得到的“空间布局”和“空间结构”组织对这些空间进行实现。本阶段的设计成果为 1 : 100 的手工模型。

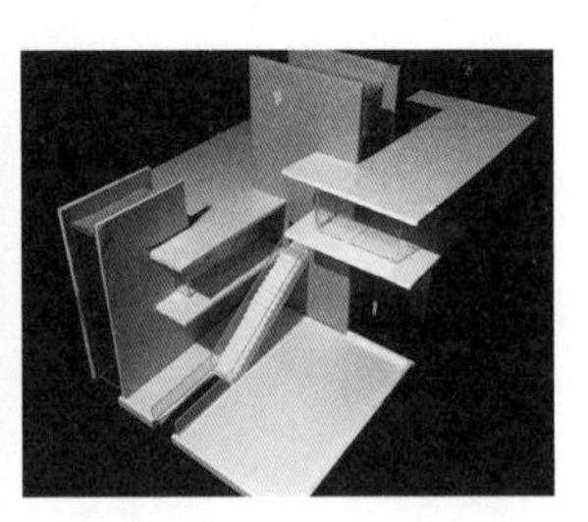

图片来源 /学生作业

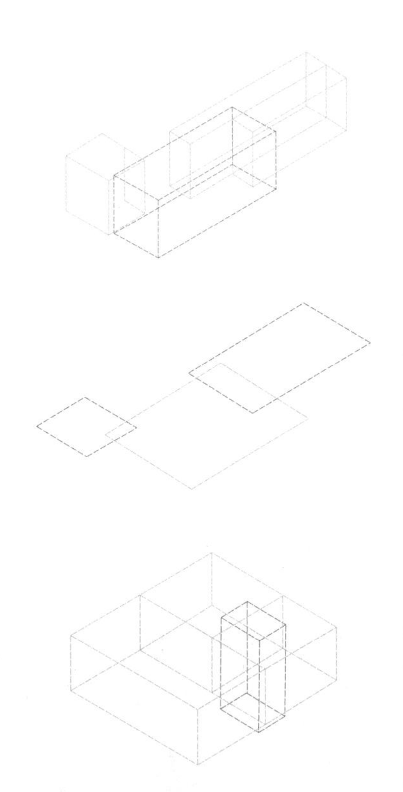

空间布局的几种类型 图片来源 /作者自绘

步骤 3：空间的品质

教学目的是理解空间品质对于空间体验和使用的重要意义；掌握提升空间品质的设计方法。

本阶段的教学方法采用设计辅导与讲授相结合的方式。在上一阶段的设计任务中，学生在教师的引导下已经实现了相关功能空间的功能与数量的布局和组织。在本阶段的教学中，教师应指导学生通过空间形态的塑造和空间关系的塑造，运用改变空间向量、空间之间的关系和加入庭院等方式提升空间设计方案的空间品质。本阶段的设计成果为 1：100 的手工模型。

图片来源 / 学生作业

步骤 4：空间的材质与细节

教学目的是了解不同材料和材质的特性；了解细节塑造对于空间形态的作用；理解人与空间的尺度关系，掌握将材质与细节运用在空间设计中的方法。

本阶段教学包括课堂教授、案例分析、模型操作等环节。本阶段的教学分为两个内容：首先，教师应当以教授的方式向学生介绍材料、材质的设计对空间设计的影响，并指导学生在上一阶段空间方案的基础上，尝试以多方案对比的方式实现不同的材料、材质设计，学生要在观察的基础上确定材料、材质设计方案；其次，教师应指导学生研究探讨体量、材质、光影、围合度等空间特性，确定空间细节的设计方式。本阶段的设计成果为 1：100 的手工模型。

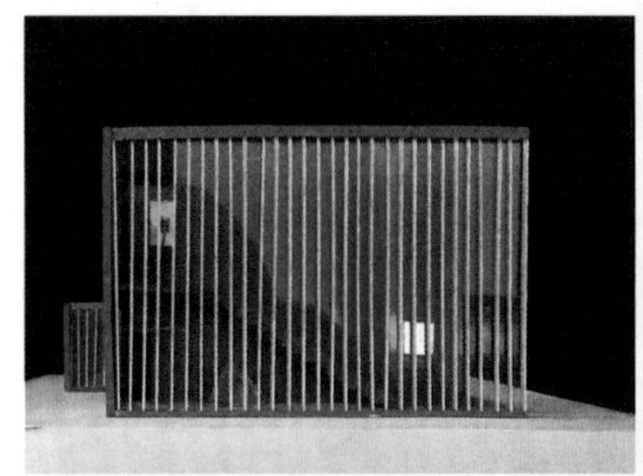

图片来源/学生作业

步骤 5：空间的用地与环境

教学目的是了解用地与环境对于空间设计的影响和意义；掌握空间设计对于用地与环境的呼应方式。

本阶段的教学采用设计辅导与讲授相结合的方式。在本阶段的教学过程中，教师向学生提供面积规模相近的两种用地，并规定用地的形态、外部道路情况、朝向、采光、景观情况等。学生根据这些条件对自身的空间设计方案做出最后的调整，以适应用地与环境的机遇和挑战。本阶段的设计成果为 1：100 的手工模型，以及平面图、立面图、剖面图和轴测图，图纸比例为 1：100。

课程中两种基地环境
图片来源 /作者自绘

群体空间设计训练教学过程

步骤 1：空间语言

步骤 2：用地条件与基本功能单元的介入

步骤 3：特殊功能单元的介入

步骤 4：交通空间与室内外边界的设计

步骤 5：材料与色彩的设计

步骤 6：尺度与细节的调整

步骤 7：建筑图纸的表达与成果模型的制作

步骤 1：空间语言

教学目的是了解空间语言对于空间设计的意义；理解设计推演的基本原则和方法；掌握以空间语言、空间布局、空间结构为基础推演空间设计方案的方法。

本阶段的教学方法以设计辅导为主。在教学过程中，学生应在教师的引导下对空间语言、空间布局、空间结构进行进一步的理解和分析，并通过对空间语言中折叠、穿插或垒叠、嵌套等处理方式进行深入学习。并在此基础上，运用特定模型材料的操作方式，形成第一轮成果模型。在本阶段，教师应该强调对空间语言的处理手法的差异性和清晰性，引导学生建立符合其特性的空间形态基本原型。设计成果为 A4 底盘的手工概念草模。

图片来源 / 学生作业

步骤 2：用地条件与基本功能单元的介入

教学目的是了解用地条件以及空间属性的介入对于空间设计的影响；掌握用地条件和空间要求的呼应方式。

本阶段的教学采用设计辅导与讲授相结合的方式。在教学过程中，教师向学生提供两个设计影响要素。首先，教师提供面积规模相近的三种用地，并进一步规定不同采光方向、风向等用地属性，并对这些用地条件与空间设计的关系进行讲解。每名学生随机获得不同的用地条件作为空间发展的边界条件，并在教师的引导下，明确基本的呼应态度。其次，教师提供 12 个基本功能单元，并要求学生以均好性为原则充分考虑其组织形式，将空间形态基本原型进行发展。本阶段的设计成果为 1：200 的手工模型。

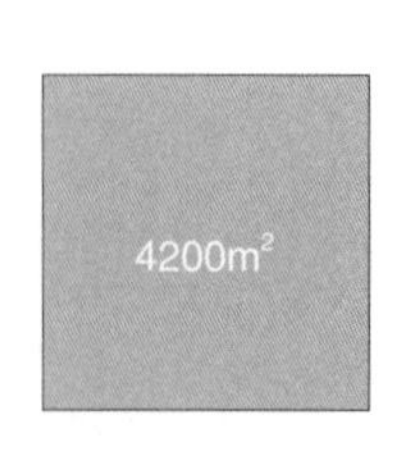

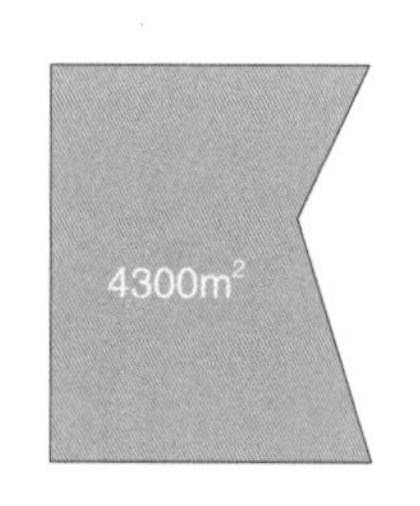

三种用地规模
图片来源 /作者自绘

图片来源 /学生作业

步骤 3：特殊功能单元的介入

教学目的是了解多种属性空间的介入对设计的影响与引导；理解空间均好性与差异性的关系；掌握处理不同属性空间的组织原则和方法。

本阶段的教学采用设计辅导与讲授相结合的方式。在上一阶段的教学过程中，学生已经集中探讨了单一属性空间的组织问题。在本阶段学生将会面对多种属性空间带来的更丰富的设计可能性。教师将再提供 6 个特殊功能单元，并要求学生以差异性为原则，在进一步呼应用地条件和调整 12 个基本功能单元的基础上，组织特殊功能单元，从而完成 18 个空间的组织。本阶段的设计成果为 1：200 的手工模型。

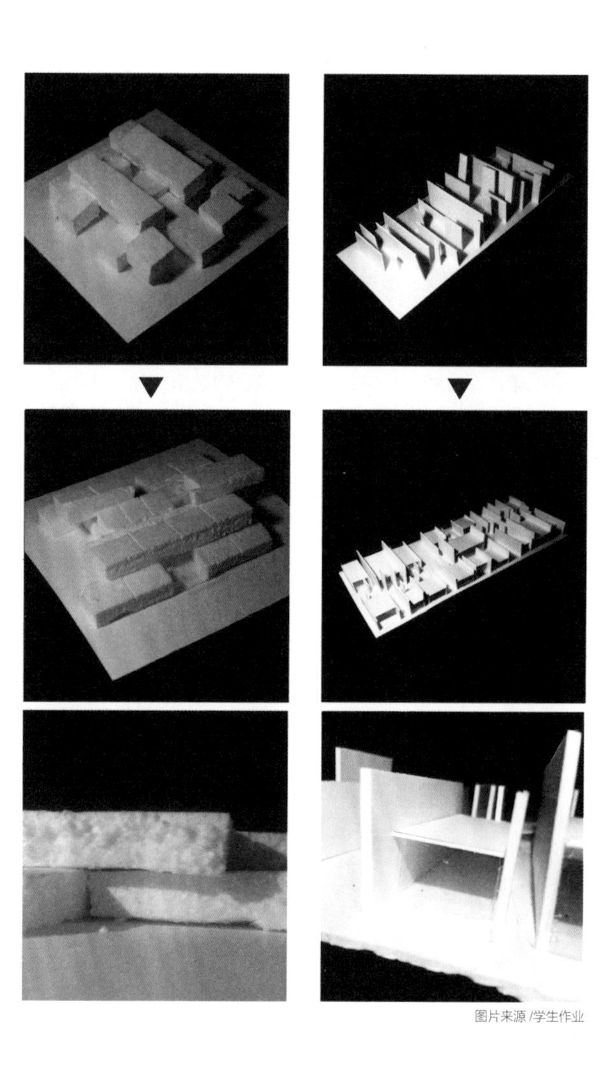

图片来源 /学生作业

步骤 4：交通空间与室内外边界的设计

教学目的是在空间设计探讨的基础上，了解空间在使用过程中的相互联系及其内与外的关系；掌握处理空间设计中交通空间组织与室内外边界设计的基本方法。

图片来源 /学生作业

本阶段的教学采用设计辅导与讲授相结合的方式，教学过程中将理性的使用要求和感性的空间创作有机结合，通过模型推动的手段，完成空间研究到概念设计的初步转化。首先，学生在教师的辅导下，以创造高效率交通联系方式为原则，解决18 个不同属性空间在水平、垂直方向的交通组织问题；其次，学生结合空间形式和功能要求，完成气候边界的设置与设计，并结合门与窗等室内外联系构件的设计综合考虑室内外空间的光线、绿化景观以及小气候营造的问题。本阶段的设计成果为 1：200 的手工模型。

步骤 5：材料与色彩的设计

教学目的是了解不同材料与色彩的特性；理解材料与色彩对于空间设计的影响，掌握将材料与色彩运用到空间设计中的方法。

本阶段教学包括课堂教授、案例分析、模型操作等环节。首先，通过案例分析向学生讲授建筑材料与色彩在空间设计和建筑设计中的应用；其次，以分组讨论的方式，探讨材料与色彩的介入对于空间感知和体验的改变；然后，学生以模型材料模拟实际材料，制作 2~3 个空间方案相同、材料与色彩不同的手工模型，通过多方案对比的方式讨论如何发展和优化设计概念；最后，通过与教师的讨论，学生选择一种材料与色彩方案作为本阶段的最终方案。本阶段的设计成果为 1：200 的手工模型。

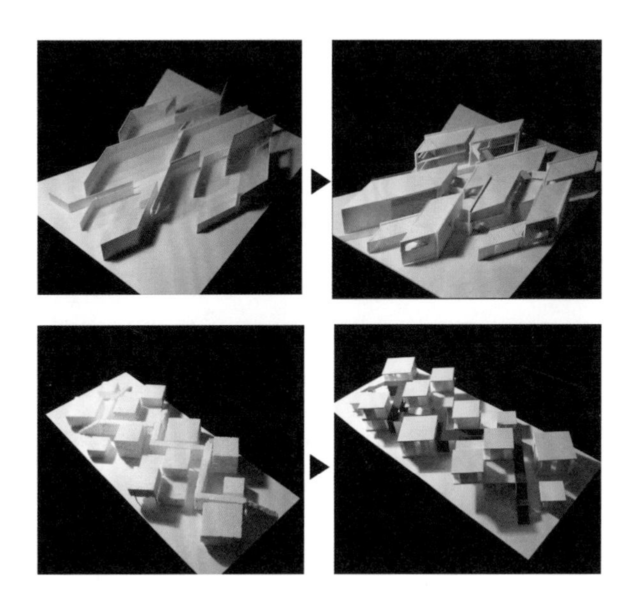

图片来源 / 学生作业

步骤 6：尺度与细节的调整

教学目的是了解细节塑造对于空间形态的作用；理解人与空间的尺度关系；掌握通过尺度调整和细节设计塑造空间效果的方法。

本阶段的教学采用设计辅导与讲授相结合的方式。教学过程着重强调空间形态的细节塑造。教师在讲解空间尺度与细节设计等相关知识的基础上，要求学生使用计算机模型严谨理性地描述空间设计方案，探讨空间细节问题，并确定空间的平面、立面、剖面关系。计算机模型相比于手工模型，有着准确性更高、善于模拟真实场景的特点。故在本阶段，学生首先运用计算机模型研究人与空间、材料、建筑构件的尺度关系，进一步分析朝向、采光、视线等影响要素，探讨体量、材质、光影、围合度等空间特性，最终确定设计方案的详细尺寸，形成完整、合理的模型方案。本阶段的设计成果为空间设计的计算机模型。

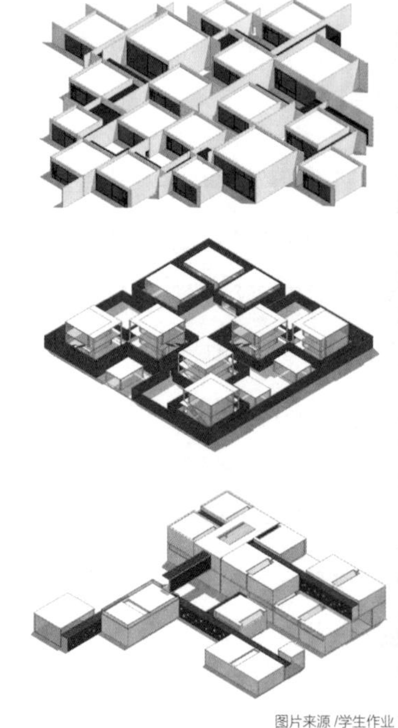

图片来源 /学生作业

步骤 7：建筑图纸的表达与成果模型的制作

教学目的是理解三维空间与二维建筑图纸之间的关系；掌握平面、立面、剖面等建筑图纸的绘制方式；掌握空间设计方案的手工模型诠释方法。

本阶段的教学采用设计辅导与讲授相结合的方式。教学着重于方案成果的表达训练。在建筑图纸表达方面，教师应该要求学生以描述空间特征为目的，结合徒手草图训练，绘制能够体现平面尺寸、立面效果和剖面关系的建筑图纸。并在此基础上，进一步制作能够详细描述空间内部关系和外部形态的手工成果模型。本阶段的设计成果是 1：200 的平面图、立面图和剖面图以及 1：100 的手工模型。

图片来源 /学生作业

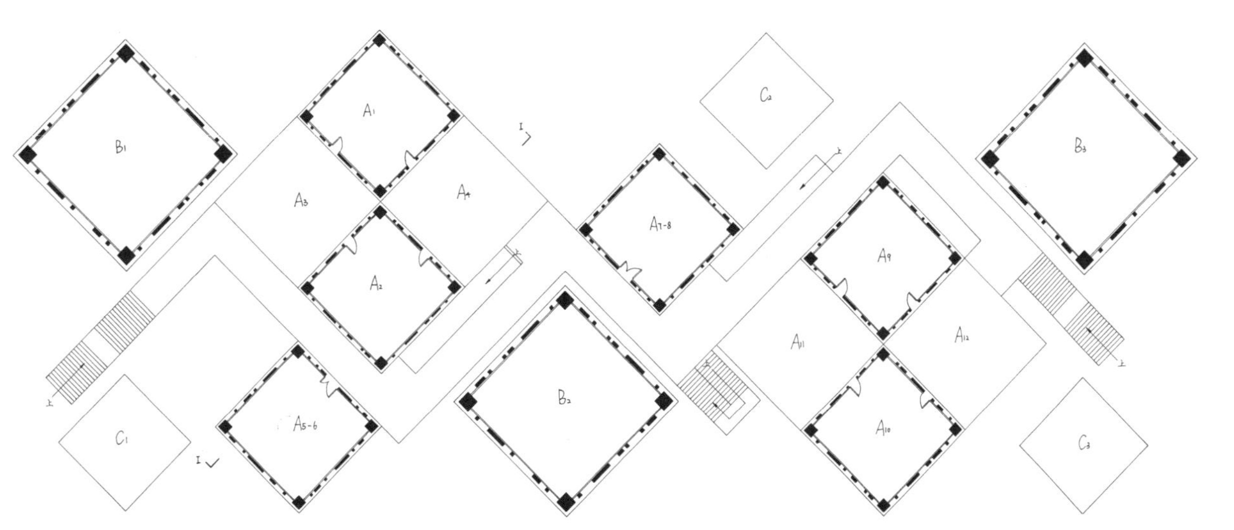

小尺度空间设计训练

独立式住宅 | Villa

先例建筑解析后，教师为该同学设定的功能独立式住宅，其中包括门厅、玄关、客厅、厨房、餐厅、起居室、卫生间以及四个卧室（主卧、次卧、老人房或儿童房、保姆房等）、影音室、庭院等的功能性空间。该方案使用“掏挖”的空间语言对空间体积进行处理，从而将空间天然地分割成三个部分和两个庭院。再通过材料和细节的处理，在掏挖的部分使用玻璃材质，提高空间的品质。以垂直交通为空间结构的骨架，连接两个庭院——一个垂直方向的花园，以及一个二层的空中花园，再将其他功能的空间布置在垂直交通和庭院周围。

设计者：李竹青
西安建筑科技大学城乡规划专业 1303 班
2014 年 9 月 / 本科二年级第一学期

先例建筑：波尔多住宅 · 库哈斯

图片来源：城市建筑. 她用9.9元的积木，搭出建筑大师的作品，还做成了动画片 [EB/OL]. (2018-09-12) [2020-05-12]. http://hunan.voc.com.cn/xhn/article/201809/201809120942252753001.html.

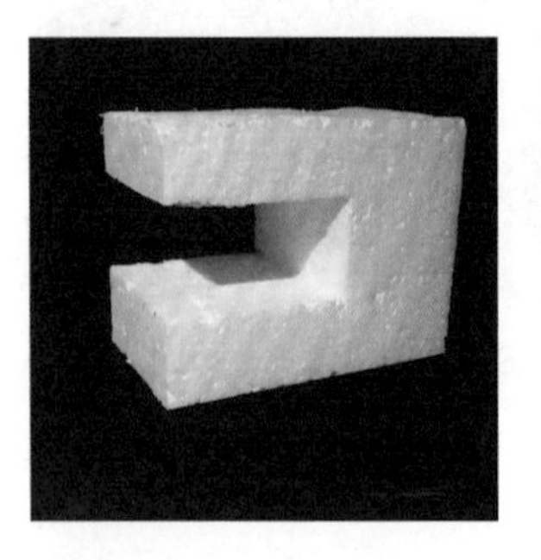

步骤 1: 空间语言

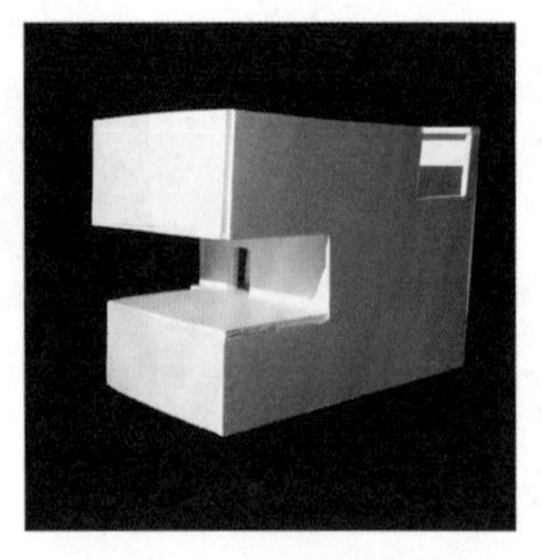

步骤 2: 空间的性质与结构

步骤 3: 空间品质

步骤 4: 空间的材料、细节与环境

独立式住宅 | Villa

先例建筑解析后，教师为该同学设定的功能独立式住宅，其中包括门厅、玄关、客厅、厨房、餐厅、起居室、卫生间以及四个卧室（主卧、次卧、老人房或儿童房、保姆房等）、影音室、庭院等的功能性空间。该方案在流水别墅的先例建筑解析中，选取面状语言相互穿插的方式完成空间的基本动机，并在推演的过程中使垂直方向的建筑构件形成垂直交通，使水平方向的建筑构件形成具体的空间功能。在流水别墅的先例建筑解析中，该方案选择以垂直交通空间为骨架，开放空间、私密空间和功能性的空间以其为骨架在垂直方向进行布置，这种“空间结构”形式和庭院结合可以为每个空间提供更好的视线景观条件。

设计者：薛诗睿
西安建筑科技大学城乡规划专业 1403 班
2015 年 9 月 / 本科二年级第一学期

先例建筑：流水别墅 · 赖特

图片来源 PANCAKE. 弗兰克 · 劳埃德 · 赖特和他的流水别墅 [EB/OL]. (2014-12-11) [2020-06-02].https://www.douban.com/note/470159901/?type=collect.

步骤 1: 空间语言

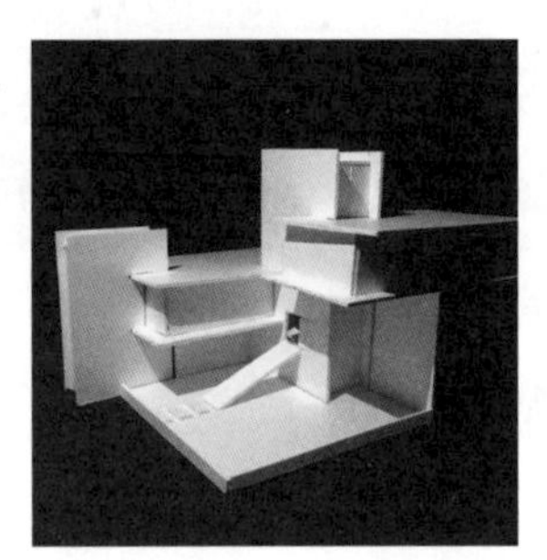

步骤 2: 空间的性质与结构

步骤 3: 空间品质

步骤 4: 空间的材料、细节与环境

乌托邦展览馆 | The Exhibition Hall of Utopian

确定设计手法后，教师为该同学设定的功能为小展览馆，空间分为两个 30 平方米的开放空间、四个 15 平方米的私密空间、三个 10 平方米的服务空间及 50 平方米的其他空间（辅助空间）。该方案使用“切割”和“旋转”的空间语言对空间体积进行处理，从而制造一个大的、横向的通高开放空间。再通过一次“空间穿插”作为第二级的空间语言处理，提供纵向的两个私密空间。通过通高的开放空间，让人产生开阔明朗的心理感受，狭长的空间让人产生走向尽头的欲望。最终将其他功能空间安排在通高开放空间上下穿插的位置。

设计者：吴雨浓
西安建筑科技大学城乡规划专业 1503 班
2017 年 4 月 / 本科二年级第二学期

步骤 1: 空间语言

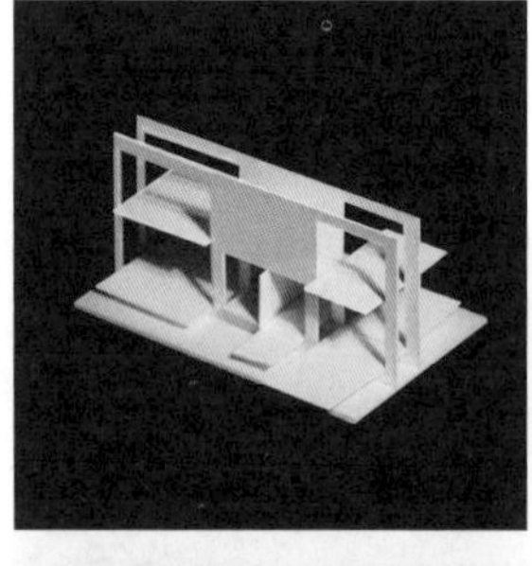

步骤 2: 空间的性质与结构

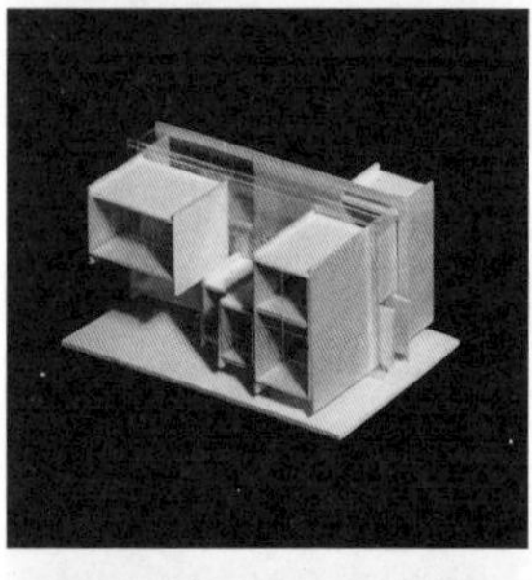

步骤 3: 空间品质

步骤 4: 空间的材料、细节与环境

迷幻的盒子 | The Psychedelic Box

先例建筑解析后，教师为该同学设定的功能为景观视线优良的展示馆，包括门厅、门卫室、两个开放展厅、三个可用于观景的展示空间、卫生间、库房、办公室、设备间等功能性空间。该方案使用空间体积的“穿插”的空间语言完成大空间和小空间之间的组合。并在被“穿插”的大空间中布置两个大的展厅以及垂直交通空间和其他功能性的空间，并使用“折板”的空间语言。方案以大的展示空间结合垂直交通直接形成空间结构的主体，再附加不同的功能单元作为空间结构的副体，形成空间的节奏。再在通高、错层的大空间“夹缝”中，安排其他功能性的空间。

设计者：高睿一
西安建筑科技大学城乡规划专业 1503 班
2017 年 4 月 / 本科二年级第二学期

群体空间设计训练

12+6 个空间设计训练 | Design of Repeated Space

该方案以垂直墙体的“开洞”与“弯折”作为空间语言，获得重复性的空间机会，并通过平台建立水平交通。方案以水平交通空间为“空间结构”的骨架串联 12 个基本服务单元和 6 个特殊服务单元，在空间上利用垂直交通和空间自然形成的角度造成锐角的空间体验。

设计者：李聪
西安建筑科技大学城乡规划专业 1203 班
2013 年 11 月 / 本科二年级第一学期

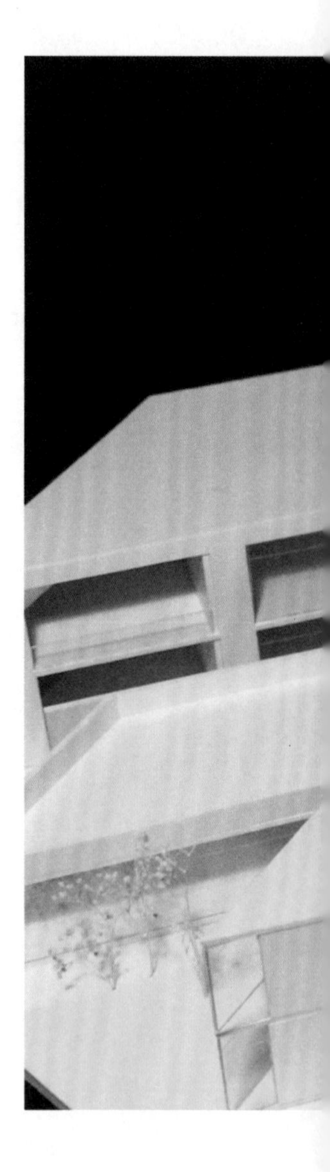

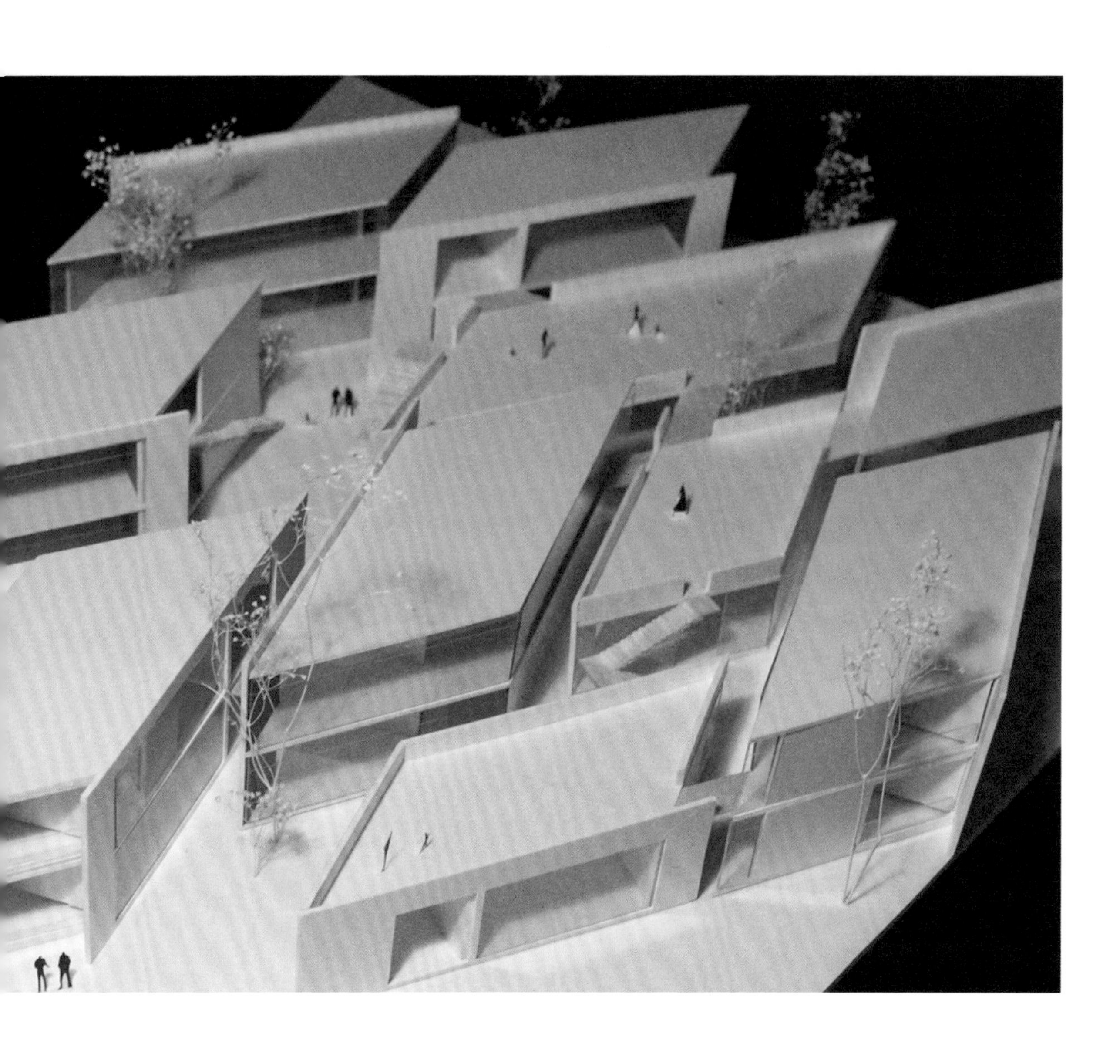

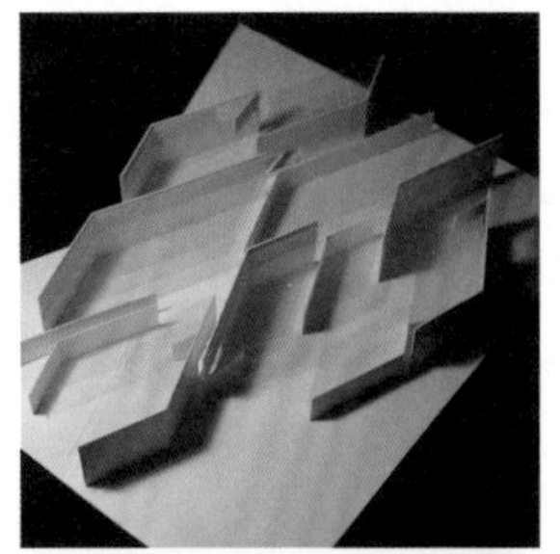

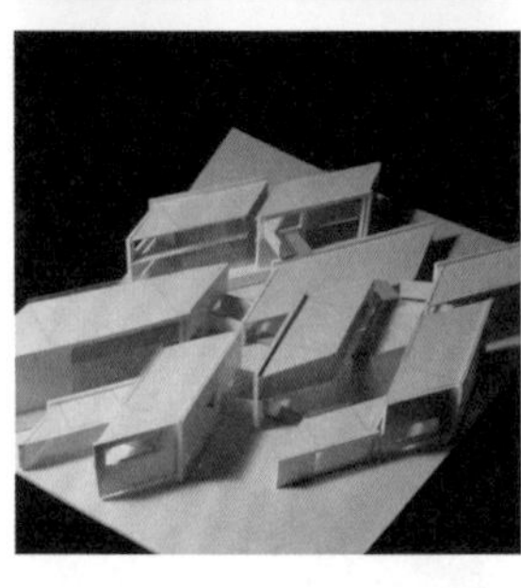

步骤 1：空间语言

步骤 2：功能单元介入

步骤 3：边界与环境

步骤 4：材质与细节

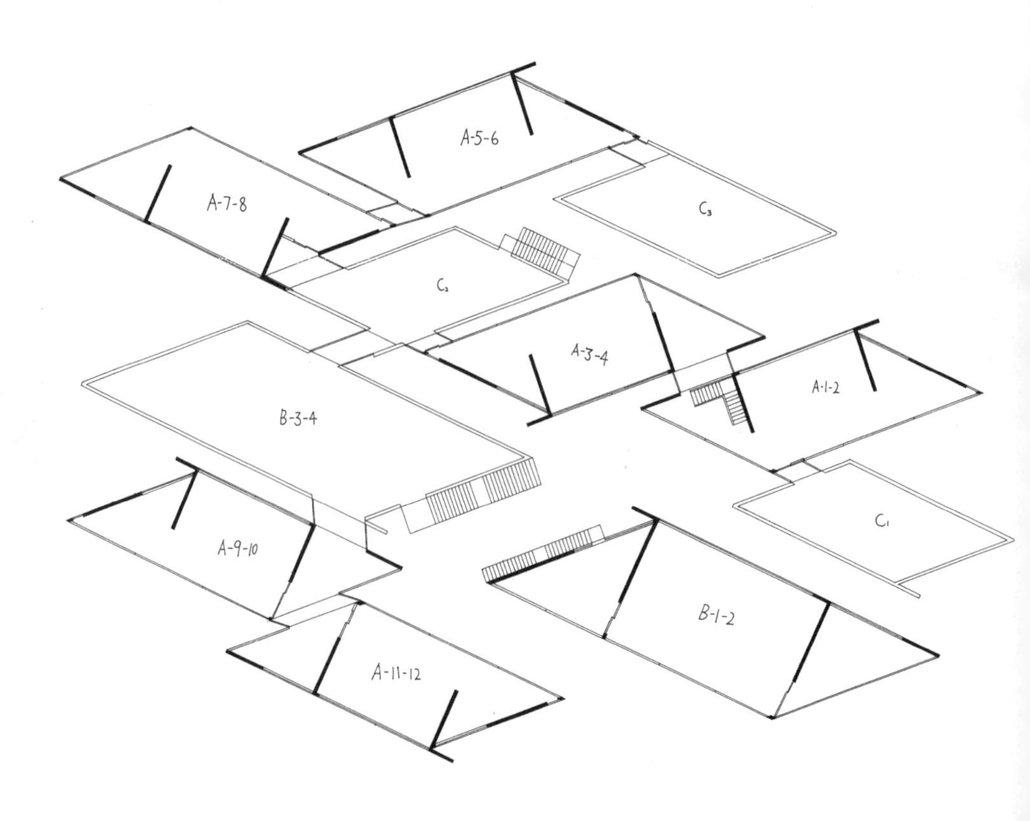

12+6 个空间设计训练 | Design of Repeated Space

该方案使用“掏挖”的空间语言形成空间的“正形”与“负形”，正的空间作为内部空间使用，负的空间则可作为庭院、露台、阳台等使用。方案采用长甬道作为空间结构的脊梁，连接各个功能空间。再通过甬道内的单向楼梯将空间的内与外联系在一起。

设计者：史雨佳
西安建筑科技大学城乡规划专业 1203 班
2013 年 11 月 / 本科二年级第一学期

步骤 1：空间语言

步骤 2：功能单元介入

步骤 3：边界与环境

步骤 4：材质与细节

一层平面示意图

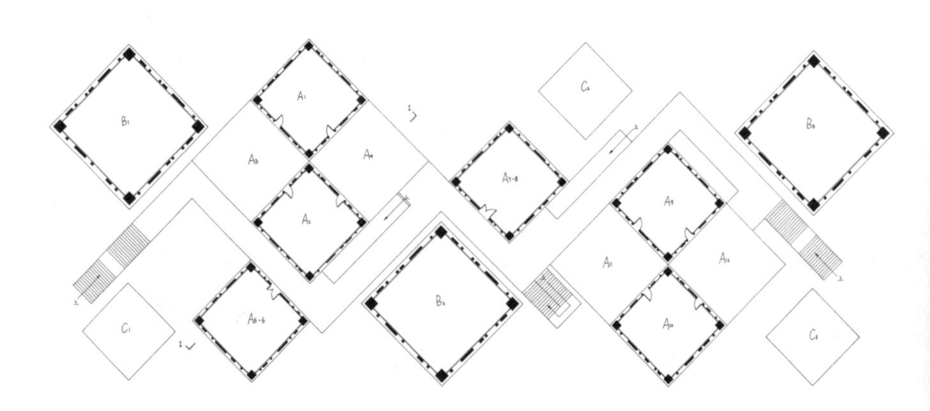

立面示意图

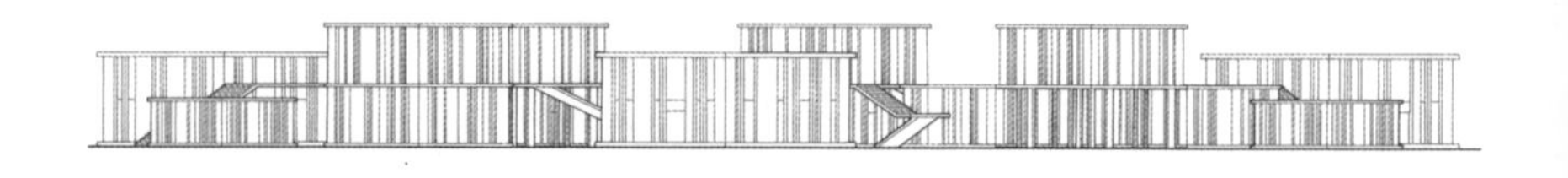

剖面示意图

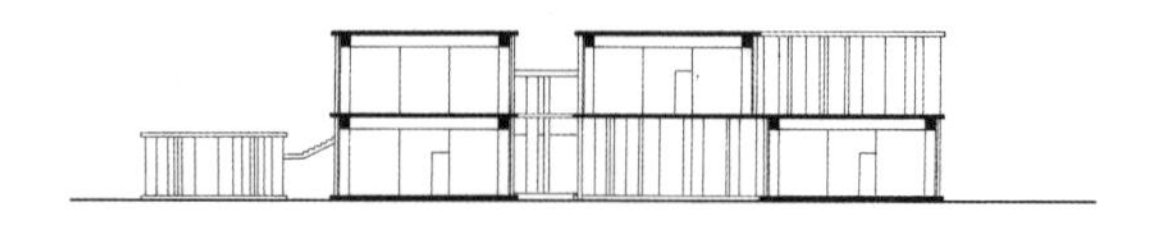

有情

一种从情感到空间的转译

空间情绪塑造练习

私密空间
-7.00
公共空间
-3.00
上
私密空间（展厅）
公共空间
-1.00
-7.00
私密空间
私密空间（展厅）
碾冰为土玉为盆
偷来梨蕊三分白
借得梅花一缕魂
月窟仙人缝缟袂
秋闺怨女拭啼痕
娇羞默默同谁诉
倦倚西风夜已昏
咏白海棠
林黛玉
公共空间（展厅）
-7.00
公共空间
私密空间
私密空间

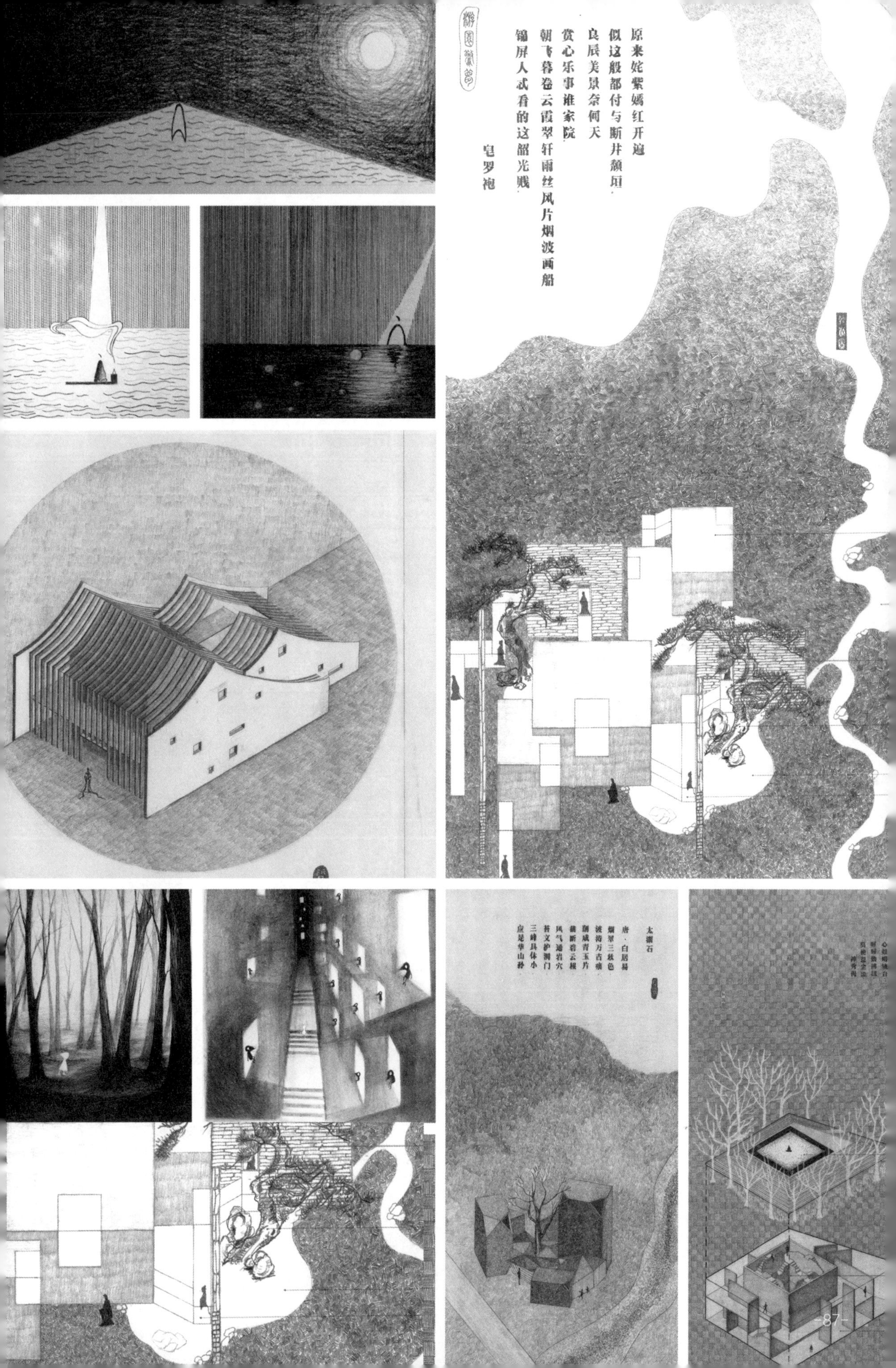
原来姹紫嫣红开遍
似这般都付与断井颓垣，
良辰美景奈何天
赏心乐事谁家院，
朝飞暮卷云霞翠轩雨丝风片烟波画船
锦屏人忒看的这韶光贱，
皂罗袍
太湖石
唐·白居易
烟翠三秋色，
波涛万古痕，
削成青玉片，
截断碧云根，
风气通岩穴，
苔文护洞门，
三峰具体小，
应是华山孙，
心如明镜台
时时勤拂拭
莫使惹尘埃
神秀偈

如何让学生能够将情感注入设计？

如何将抽象的语言转化为具体的空间？

如何与学生建立观念设计讨论的语境？

如何实现学生口中描述场景？

我们能做什么？

长城脚下的公社 -竹屋

图片来源 /ASAKAWA. Bamboo House Commune by the Great Wall / Kengo Kuma & Associates [EB/OL]. (2019-01-28) [2020-06-10]. https://archeyes.com/commune-great-bamboo-wall-kengo-kuma-associates/.

一种从情感到空间的转译

我们在谈论空间的时候，究竟在谈论什么？空间本身究竟在表述什么？它的核心问题又究竟是什么？或者说，空间设计的目的是什么？关于这个问题，古罗马建筑师维特鲁威仿佛在他的《建筑十书》中已经给出了答案，他提出了建筑设计的三原则——“坚固、实用、美观”。经过 2000 年的空间实践证明，这三条原则仍未过时，一直指引着建筑师进行工作。我们在前一个章节的“有境——空间设计训练”中，也提出了空间语言、空间布局、空间结构等关于空间设计的话题。那么，这些真的就是人类进行空间设计的终极目的吗？

从动物到人类，从一片由树叶覆盖的地面到一个自然崩裂的洞穴，从一个精心编制的鸟巢到一幢幢高耸入云的摩天大楼。世间所有的动物无不在生命的进程中追求和创造着属于自己的容身的空间。我们从人类空间设计的原则来看，鸟巢结构坚固，且具有极高建构意义，空间语言也极其纯粹；蚁穴空间的实用性、复杂性，以及空间布局的合理性、空间结构的清晰性已经可以和简单的人类的聚落媲美；园丁鸟会在求偶期间使用不同颜色的植物叶子、花朵和果实装饰自己的巢穴，追求审美的意义。如果我们依旧把“坚固、实用、美观”当作人类空间创造所追求的终极意义，或者以空间的“语言、布局和结构”当作空间设计的所有原则，那么，在某种层面上，我们就是已经承认，作为万物灵长的人类在空间创造上的所有探索都与动物无异。事实真的如此吗？即便我们将“城市问题”和“人的问题”这些“社会属性”对空间的影响也纳入考量的范畴，再将人类所创造的空间和动物所创造的空间相比较，也真的会有本质的区别吗？

维特鲁威《建筑十书》

图片来源 /TechArt科研社．藤校 G5博士书单 |建筑历史与理论的相关文献阅读推荐 Vol.1 [EB/OL]. (2020-06-23) [2020-07-10]. https://www.sohu.com/a/403727703_676093.

小小．卢浮宫"达·芬奇逝世 500 周年特展"免费看展 [EB/OL]. (2020-02-11) [2020-07-12]. https://www.163.com/dy/article/F53D5GVA05148KED.html.

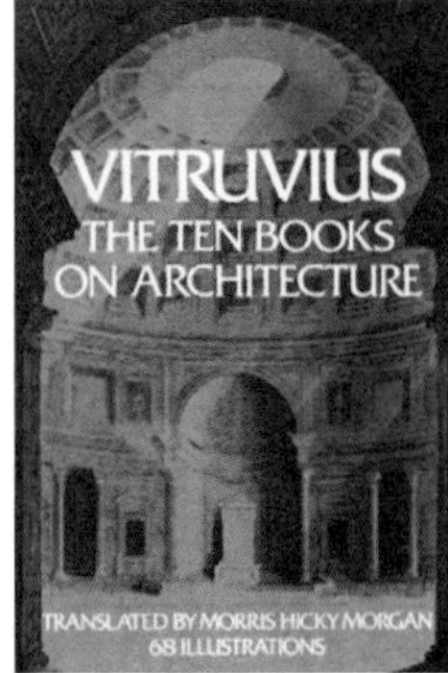

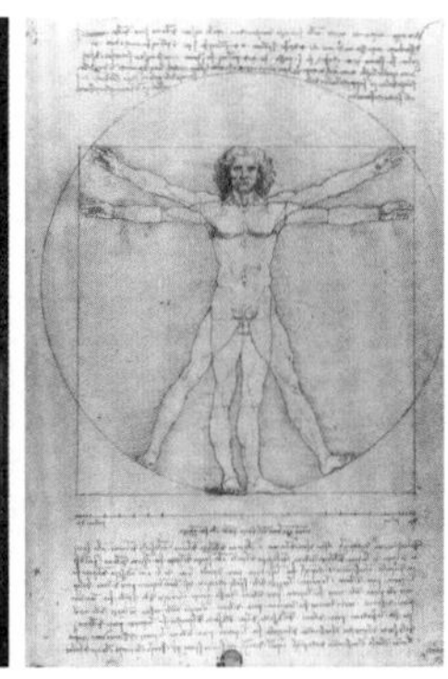

鸟巢

图片来源 / 杉伊．我想有个家：自然界的建筑师 神奇的织巢鸟 [EB/OL]. (2014-02-02) [2020-07-20]. http://blog.sina.cn/dpool/blog/s/blog_7f166dc70101f5ka.html.

蚁穴

图片来源 /韦斯特资讯网．密集恐惧症慎入 海关拦截活体蚂蚁：男子行李箱里竟然别有洞天 [EB/OL]. (2018-03-19) [2020-07-20]. https://www.westtour.net/sh/20180319/89579.html.

园丁鸟鸟巢

图片来源 /凤凰网．男子发现野外怪异茅草屋，凑近一看，两眼发直 [EB/OL]. (2018-10-25) [2020-07-20]. https://news.china.com/social gd/10000169/20181025/34254579.html.

那么，人类所创造的空间本身，究竟还能表述什么？人类在谈论空间的时候，究竟在谈论什么？

这需要我们对人类所创造的空间进行重新的审视。当我们身处太和殿广场，看到在水平方向上展开的巨大的平面以及在层层抬起的汉白玉台阶上的耸立的红墙金瓦时；当我们站在雅典的圣山上，面对垂直入云的圣洁的大理石柱时；当我们在一个漆黑的房子里，看见十字形的光映射进来，清晰地落在祈祷的人们的身上之时；当我们站在罗马万神庙的穹顶之下时，我们是否仅仅可以用“坚固、实用、美观”来概括这些空间带给我们的一切感受，或者，我们是否能够仅仅用空间语言、空间布局、空间结构来评价这些空间设计者的所有用心？不只有这些伟大和壮丽的实例，人类所创造的空间更多的是动人的平和——当我们面对千利休的茶室躬身而入时；当我们看到胡慧珊纪念馆里天真的粉红色和安放的遗物；当我们坐在长城脚下的竹屋中面对蜿蜒远山；当我们目睹了林璎所设计的民权运动纪念碑的水面上泛起的一点涟漪，我们终于明白，人类身为万物灵长，在创造空间的活动中，有着超越“坚固、实用、美观”的追求，有着超越“语言、布局、结构”的原则，有着更加高远的意义。

这种意义就是情感。人类在无比漫长的、伴随人类文明成长的人居环境建造活动中，运用物质空间的塑造，在“坚固、实用、美观”之上，在“语言、布局、结构”之上；在“城市问题”“人的问题”之上，尝试着创造出情感的共鸣。

所以，当我们讨论空间时，尤其是当我们在大学的课堂上和学生讨论空间时，空间的“情感”意义，是必须要面对的课题。我们认为，情感和产生情感的能力是每个人与生俱来的，它是人与世间万物进行亲密的接触之后，产生了对物质世界的认识与观点、喜爱与厌恶、意见和建议，这些精神对于物质的反映在人们心中自然而生，就是情感。然而对于情感的表述却是一种能力。世界八大艺术门类——文学、绘画、音乐、舞蹈、雕塑、戏剧、建筑、电影——无一不是对情感的一种表述形式，而这些艺术形式都具有自己独特的方法和表现形式，将抽象的、不可见的情感向具体的物质形式进行转译。空间设计作为一种艺术形式，当然也列在其中。

所以，情感是自足的，而将情感转化为空间去传达和呈现，是需要被训练的。这就是“有情——空间情绪塑造练习”课程的诞生背景和需要研究的主要问题。在教学中，我们将练习的过程看作一种从情感向空间的转译过程，因此“有情——空间情绪塑造练习”更加着重在转译练习，着重在将抽象的情感转译为具象的空间形象，将语言文字信息转化为空间场景信息。对于空间情绪的产生问题，是需要设计者对“城市问题”和“人的问题”等空间的“社会属性”完成充分的讨论后方能产生的，这将会在“有理——城市空间设计教学”课程中完成，本阶段教学仅专注于转译练习，不予讨论。

北京故宫太和殿

图片来源 /夜读史书 . 太和殿有几处鲜为人知的细节，去过故宫十次的人也未必知道 [EB/OL]. (2019-07-25) [2020-07-30]. https://baijiahao.baidu.com/s?id=1640037553042743068&wfr=spider&for=pc.

罗马万神庙

图片来源 /西诺教育 . 意国风情之：罗马万神殿 [EB/OL]. (2017-11-06) [2020-06-30]. https://www.douban.com/note/644077413/?type=collect.

“千利休”茶室

图片来源 /艺生家 . 万一有钱了，你想拥有这种赤贫风吗？ [EB/OL]. (2020-06-07)[2020-06-30]. https://weibo.com/ttarticle/p/show?id=2309404513046889365508. P97-4.

安藤忠雄——光之教堂

图片来源 / Qifei. 光之教堂 [EB/OL]. (2014-03-18) [2020-07-02]. http://citiais.com/ztmjsb/2498.jhtml.

胡慧珊纪念馆

图片来源 / 刘家琨 . 刘家琨作品：胡慧珊纪念馆 [EB/OL]. (2015-06-25)[2020-05-13]. https://dingzhi.pchouse.com.cn/case/134350.html.

林璎——民权运动纪念碑

图片来源 / 城视窗综合 . 林璎 |21岁已是闻名世界的女建筑师 [EB/OL]. (2017-03-08) [2020-05-13]. http://citiais.com/jlmrmj/17137.jhtml.

北京故宫太和殿

罗马万神庙

“千利休”茶室

安藤忠雄——光之教堂

胡慧珊纪念馆

林璎——民权运动纪念碑

1　空间情绪塑造的三个语境

1.1　空间场景

在“有境——空间设计训练”中，我们提及了空间语言、空间布局、空间结构等概念，它们既是空间设计的重要语境，也是空间设计的基本方法，但都不应该是空间设计的目标。可以将空间场景看作空间设计的重要目标之一，完成空间场景感的塑造，实现空间情绪的传达，即是实现空间的形而上层次的传达。那么，空间场景的基本要素有哪些呢？或者说，我们在空间设计的过程中最需要关注的空间要素是什么。在本教学中，我们提取了光和尺度这两个空间要素，通过对它们的设计来完成对空间场景的塑造。

1）光

光是空间场景塑造的第一要素，不同状态的光可以体现不同的空间情绪。关于光的设计需要关注的是光源、重塑光的面、呈现光影的面、观看光影的位置四个方面的内容。

“光源”是指光的性质与光的来向。在设计中，教师应当引导学生尽量使用自然光，研究自然光的来向。“重塑光的面”是指光进入一个空间的入口和介质，通常来说，设计者可以通过改变空间某个面或角的形式来完成对光的不同重塑。光经过重塑后，如果没有合适的载体进行呈现是没有意义的。“呈现光影的面”是指最终承接经过重塑后的形成光与影的光线的实体墙面或地面。“观看光影的位置”是指人在空间中感知光影的情绪，认识光影对空间影响的最佳位置。

例如，日本建筑师安藤忠雄的光之教堂设计，其中“光源”是自然光；“重塑光的面”是开设基督十字的墙面；“呈现光影的面”是教堂礼拜厅的其他墙面与地面；“观看光影的位置”是教堂礼拜空间的入口位置及座椅位置等。在黑暗的空间中，光之十字的效果更加强烈，使用者进入礼拜空间之中，作为个体的人被黑暗的空间环境包裹，唯一能被强烈感知的只有光之十字，空间情绪的共鸣被使用者深切的感知。

安藤忠雄——光之教堂 图片来源 /KROLL A. AD Classics:Church of the Light/Tadao Ando Architect&Associates[EB/OL]. (2011-01-06) [2020-05-13].https://www.archdaily.com/101260/ad-classics-church-of-the-light-tadao-ando.

1	5
2	6
3	7
4	8

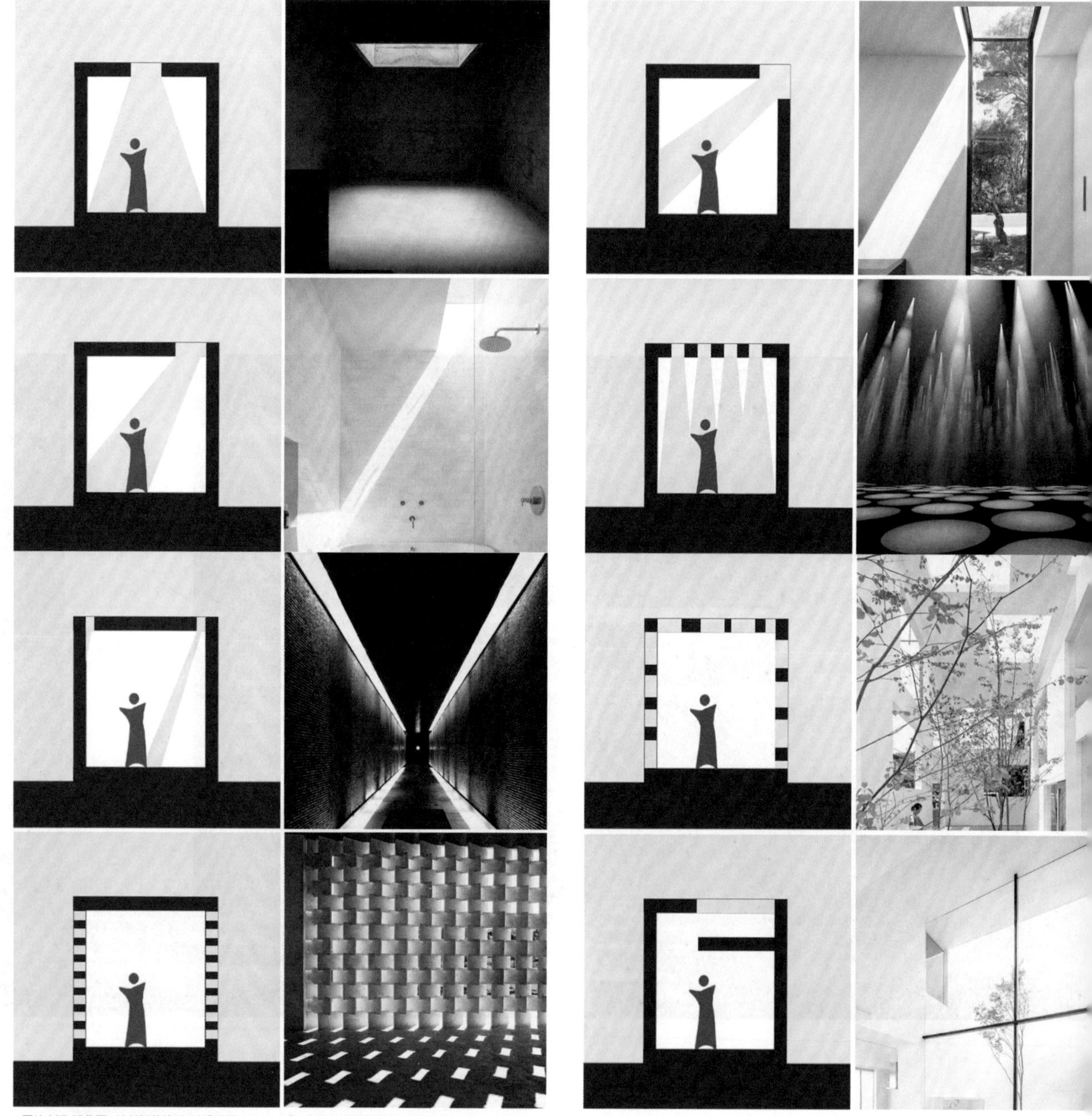

1.图片来源 /设集圈 . 这部好莱坞科幻片《银翼杀手 2049》，为什么推荐学建筑的观看 [EB/OL]. (2017-11-09) [2020-05-14]. https://www.163.com/dy/article/D2QILI410518N64J.html.

2.图片来源 /李秀玲设计师 . 这户型你可别嫌弃，装修好卫生间漂亮又完美！聪明人个个抢着要住 [EB/OL]. (2017-09-13) [2020-05-14]. https://hf.focus.cn/zixun/af2f28287da0b6fe.html.

3.图片来源 /SIMON JAMES. VISUAL DIARY[EB/OL]. [2020-05-14]. http://simonjamesspurr.com/#/visual-diary/.

4.图片来源 /MAO设计 . Light|这么美的构成，少不了光 ![EB/OL]. (2018-02-02) [2020-05-14]. https://m.sohu.com/a/220518457_650060.

5.图片来源 /Blairgowrie, DX Architects, Media. The Local Project - Blairgowrie Beach House [EB/OL]. (2017-07-24) [2020-05-14]. https://www.dxarchitects.com.au/blairgowrie-beach-house-featured-local-project-24th-july-2017/.

6.图片来源 /时尚设计，空间环境与建筑 . 来自 COS X藤本壮介联名打造的光之森林 [EB/OL].(2016-04-14) [2020-05-14]. https://www.mydesy.com/forest-of-light.

7.图片来源 /微设计 .把大自然搬回家 [EB/OL]. (2015-06-01) [2020-05-14]. http://www.citiais.com/ysycsj/12832.jhtml.

8.图片来源 /COTAPAREDES Arquitectos. 墨西哥 V别墅 / Abraham Cota Paredes Arquitectos [EB/OL]. (2016-12-05) [2020-05-14]. https://www.archdaily.cn/cn/800767/mo-xi-ge-vbie-shu-abraham-cota-paredes-arquitectos.

9	13
10	14
11	15
12	16

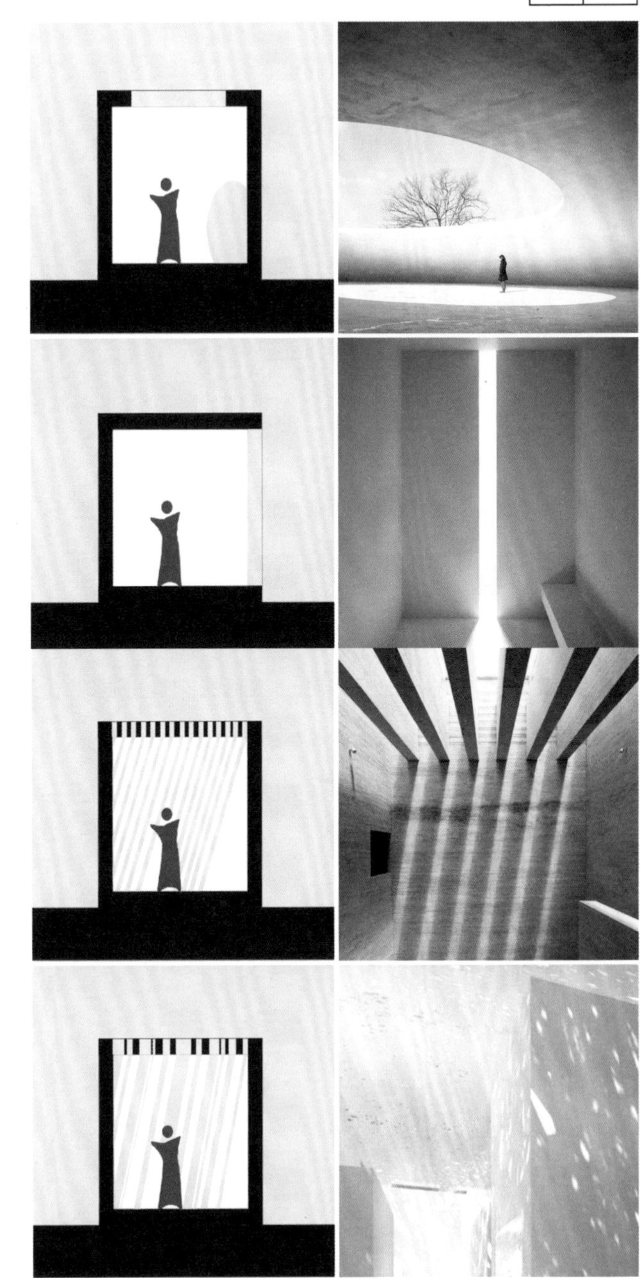

16种光源的来向

9.图片来源 /中法设计．如何在室内创造让人产生幸福感的光线 [EB/OL]. (2017-11-26) [2020-05-14]. https://m.sohu.com/a/206808071_796330.

10.图片来源 /君子．光影抢眼的写实室内渲染走一波 [EB/OL]. (2018-09-03) [2020-05-14]. https://mp.weixin.qq.com/s/mDvEXkkqWTzRz4MvCfBnEA.

11.图片来源 /fcc8211. sako architects建筑事务所设计金华立方体管形办公楼 [EB/OL]. (2012-03-21) [2020-05-16]. https://bbs.zhulong.com/101010_group_3000036/detail19155965/.

12.图片来源 /JIKE. 建筑空间与光线 [EB/OL]. (2018-06-01) [2020-04-11]. https://huaban.com/pins/1679824173/.

13.图片来源 /房天下设计师频道．西泽立卫：建筑空间是开放的，有公共性的空间 [EB/OL]. (2011-01-13) [2020-06-11]. https://home.fang.com/news/2011-01-13/4366022_all.htm.

14.图片来源 /ALAN N. seen by AnnCT [EB/OL]. (2012-03-21) [2020-06-05]. https://annct.tumblr.com/post/19641012430/greyfaced-nicholas-alan-cope.

15.图片来源 /考霸一级注册建筑师．建筑师手下的光与影 [EB/OL]. (2020-03-02) [2020-07-05]. https://kuaibao.qq.com/s/20200302A07JZA00.

16.图片来源 /FURUTO A. The Louvre Abu Dhabi Museum / Ateliers Jean Nouvel [EB/OL]. (2012-11-26)[2020-04-11]. https://www.archdaily.com/298058/the-louvre-abu-dhabi-museum-ateliers-jean-nouvel.

2）尺度

尺度是空间场景塑造的重要因素，不同尺度的空间会对使用者产生不同的心理影响。关于尺度的设计需要关注的是空间的高度和空间的方向。

空间高度——首先，在剖面方向，即空间的 Z 轴，不同的高度的空间会给使用者带来不同的情感暗示："1.5 米的空间高度"可以在视线通达的基础上限制人的行为；"1.8 米的空间高度"可以同时限制人的行为与视线，给人遮挡感，并开始进入人的身体体验尺度；"2.2 米的空间高度"是空间可被使用的最低高度，给人压抑的感受；"2.4 米的空间高度"是和人体尺度最吻合的空间，对视线和行为的引导最直接和强烈；"3.0 米的空间高度"是最常被使用的空间高度，给人舒适的感受；"5.0 米的空间高度"可出现错层的空间，已经可以呈现较为复杂的空间效果，给人丰富的感受；"6.0 米的空间高度"是公共建筑最常使用的空间高度，已经可以呈现两层的空间，并开始超越人的身体尺度，开始给人"高"的感受；"6.0 米以上的空间高度"已经出现崇高和神圣感。

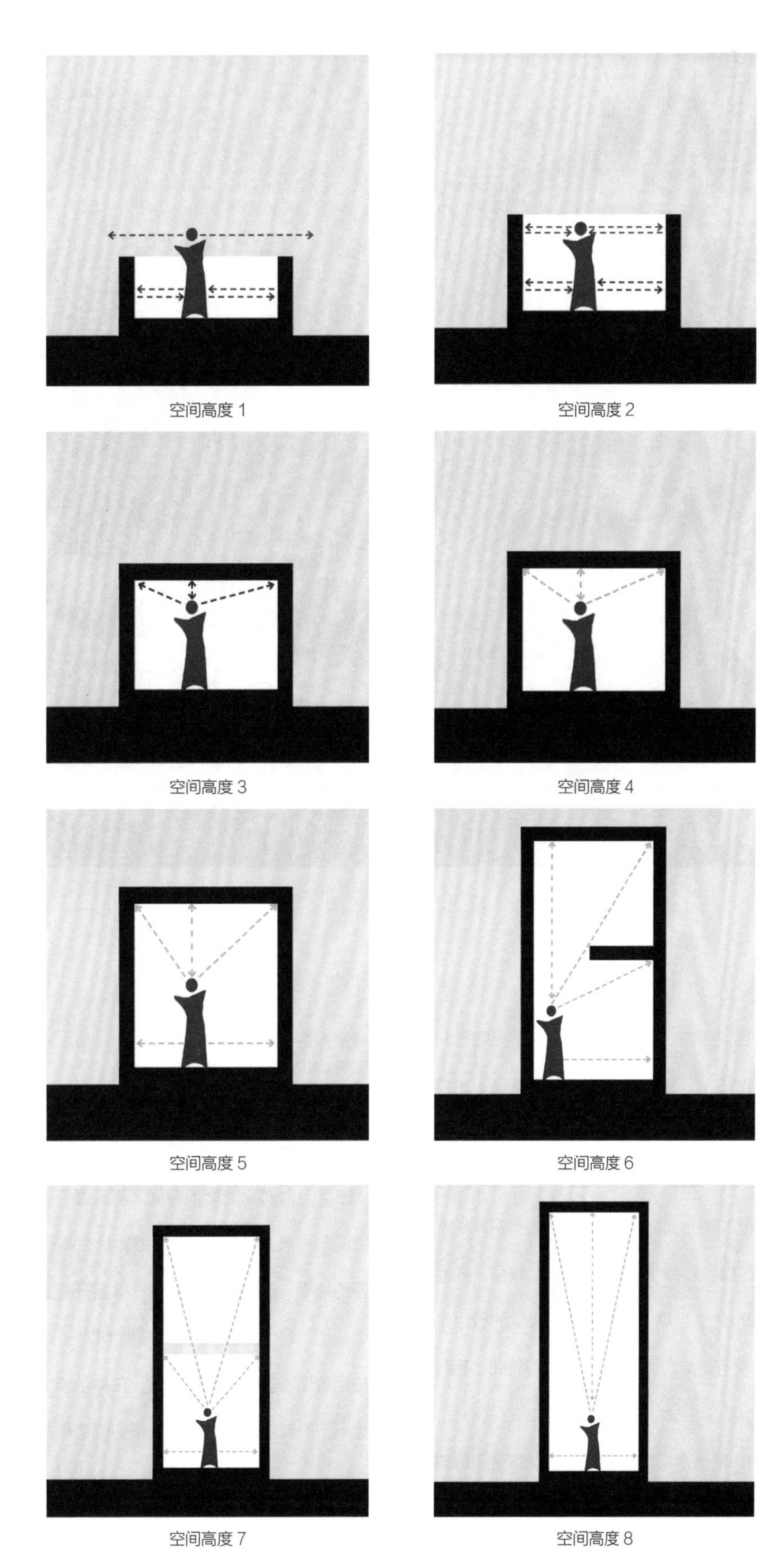

八种空间高度 图片来源 /作者自绘

空间的方向——前文对于空间高度的叙述只在剖面的方向或者说 Z 轴，然而空间是在 X、Y、Z 轴三个轴向展开的，如果说“Z 轴”决定了空间的高度，那么 X、Y 轴则决定了空间的方向。如果空间在 X 轴与 Y 轴上的展开程度相等，则空间的方向性较弱，或者说出现了向心对称的空间形式；如果空间的 X 轴与 Y 轴上的展开程度差距较大，则空间的方向性较强，或者说出现了景深型的空间形式。当然，人作为空间尺度的原始参照，空间在 X、Y 轴上的展开要与人体尺度做对比才能展现情绪。向心对称的空间形式如果尺度较大，则会给人宏大的空间感受；如果尺度较小，则会给人舒适亲切的感受。景深型的空间形式如果尺度较大，会给人崇高和神圣的感受；如果尺度较小，则会给人神秘的引导感。

例如，中国建筑师刘克成的富乐国际陶艺馆主馆设计，其中设计师使用砖拱的构造语言分别创造了两个空间，其一是在 Z 轴上向上的高的穹顶空间，其二是在 X、Y 轴上以景深型的空间形式展开的长达 72 米的廊状空间，两个空间均可给人神圣的感受，值得一提的是，水平展开的廊状空间是由连续砖拱组成的，最大跨度 10 米，最小跨度 3.6 米，由于尺度的变化，使用者沿着景深方向行走时，在神圣感的主要情绪下，还能体会到不同跨度的砖拱所围合的空间带来的不同情绪体验。

刘克成——富乐国际陶艺馆主馆

参与设计师 /刘克成、许东明、周铁刚

图片来源 /刘克成工作室

1	2	3

1. 图片来源 /建筑 vs艺术 vs音乐 . 76岁的卒姆托：不是给我足够的钱就行，我必须对项目真的感兴趣才行 [EB/OL]. (2019-04-28) [2020-05-27]. https://toutiao.sheyi.com/news/23533.html.

2. 图片来源 /无非建筑 .【 建筑 】自然采光大法好！[EB/OL]. (2017-04-30)[2020-05-11]. https://www.sohu.com/a/137472622_273727.

3. 图片来源 /ruru5201314. 院墙 · 岁月静好 [EB/OL]. (2018-05-09)[2020-05-05]. https://bbs.zhulong.com/101020_group_687/detail32518794/?sceneid=threaddetail-thread.

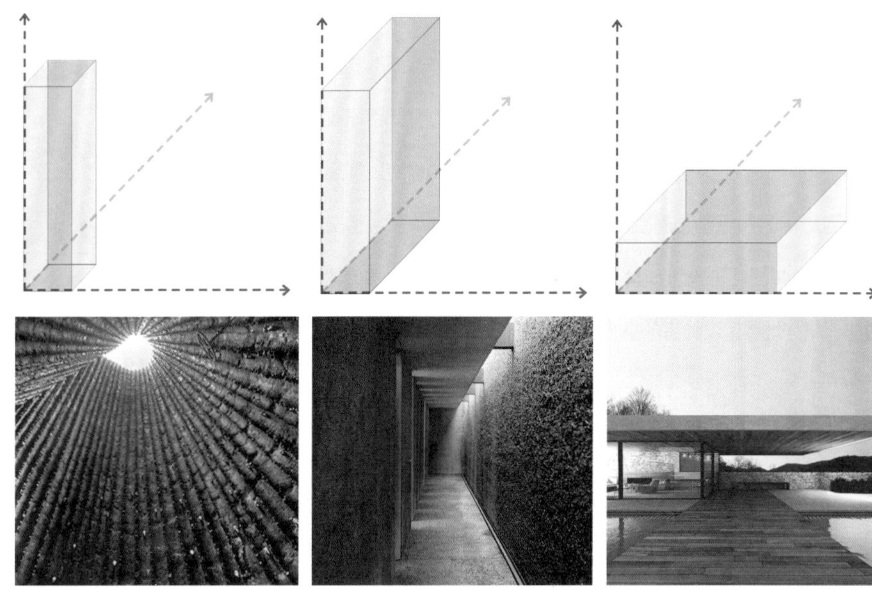

“空间的方向”示意图

1.2 空间情绪的饱和度

在空间设计的过程中，并非所有空间所附有的情感浓度都是均质的，也不可能所有的空间都有必要传递情绪。由于空间的功能、开放程度、形态、使用效率等条件的不同，空间情绪的饱和度也会有差别。设计者在空间设计的过程中，应首先明确空间传递情感的潜力，并将不同空间在空间情绪的饱和度方面进行分级。我们按照空间情绪饱和度的强烈程度从高到低将空间分为情绪型空间、品质型空间与功能型空间三个等级。

1）情绪型空间是指向使用者充分且强烈地传递情感的空间。“情绪型空间”应该是在“空间结构”中起主导地位的空间，这对于情绪特征的传达更加整体。“情绪型空间”应具备以下两点特征：其一，空间情绪传达的高效性。是指使用者能够更高频地与该空间进行接触。使用者对该空间的使用频率和可达性越高，则空间情绪传递的效率就越高。其二，空间情绪传达的高能性。是指该空间的具体功能对于该空间的形态和形式的要求较低。这样设计者就可以通过更多样和丰富的设计手段改变该空间的光和尺度等要素，从而加强空间场景的塑造。情绪型空间最优的选择是交通空间（如门厅、大厅、廊等），将交通空间从“单意”的组织功能转变为赋予“多意”的情感传达功能，更好地传达设计者的概念和想要赋予的空间情感。

2）品质型空间是指在空间塑造方面，未必需要传递情感，但必须保证品质的空间。在设计工作中，大量空间属于功能较为明确，且功能对于空间形态的要求较为具体、制约性较强的类型。如酒店客房、学校教室、住宅的套内空间等均有上述特征。即便是博物馆、美术馆中的部分展厅空间（如非主题展厅的常规展厅和临时展厅等），由于需要适应更广泛和灵活的展陈要求，也需要情绪指向更加模糊。此类空间的设计应该在整体空间设计概念和情绪要求的指导下，在完成合理的功能设计的基础上，进行充分空间品质塑造。空间的情绪塑造应根据具体情况适当介入。

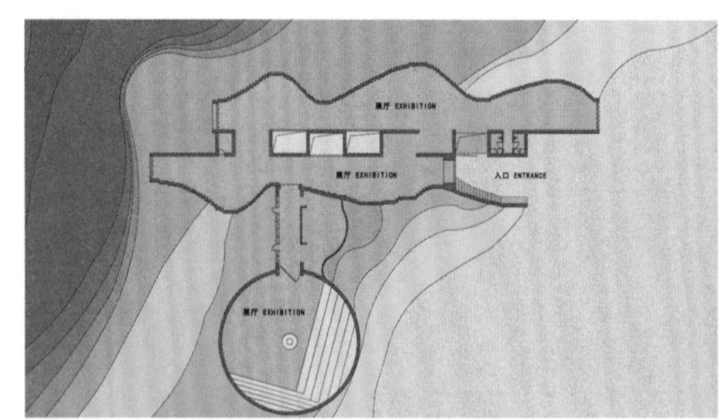

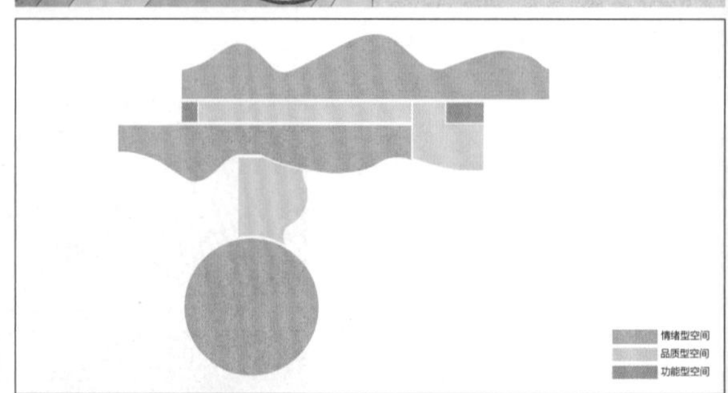

富乐国际陶艺馆主馆建筑空间情绪的三种饱和度 图片来源/作者自绘

刘克成——富乐国际陶艺馆主馆　参与设计师 /刘克成、许东明、[illegible]
图片来源 /刘克成工作室

刘克成——大唐西市博物馆
参与设计师/刘克成、肖莉、吴迪、樊淳飞、王力
图片来源/刘克成工作室

3）功能型空间是指在空间设计中，作为辅助功能的服务空间。此类空间设计最重要的原则是空间的合理分布和使用效率，即空间的可达性、可用性要求等。卫生间、库房、设备间等均属于此类空间的范畴。功能型空间在设计条件允许的情况下也可适度呼应整体建筑的空间情绪。

例如中国建筑师刘克成设计的大唐西市博物馆，作为遗址博物馆，其门厅与大厅空间不仅对隋唐长安城西市“十字街”

遗址进行了合理的保护展示，又充分表达了西市的规模与格局以及隋唐两代都城的宏大气势，是整个建筑最为核心的情绪型空间。分布在“十字街”大厅周围的展厅部分，对于参观路线、空间尺度、光线设计、材料设计以及后期展陈的适应性等问题进行了充分的考虑与设计，属于建筑的品质型空间。办公室、会议室、卫生间、文物库房、设备间等空间布局合理、功能完善，属于建筑的功能型空间。

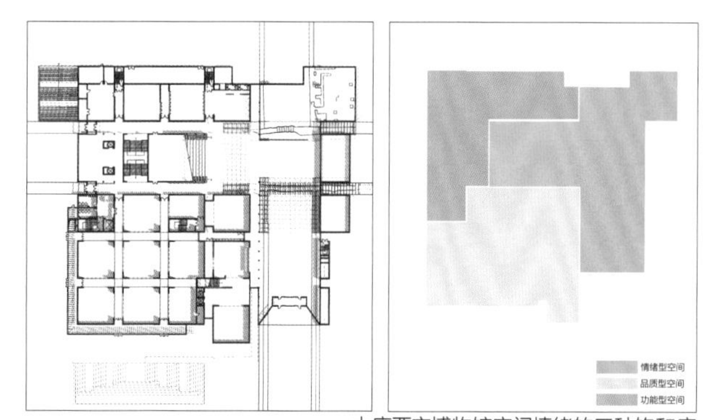

大唐西市博物馆空间情绪的三种饱和度

图片来源 /作者自绘

1.3 空间情绪的叙事性

空间情绪的叙事性是空间情绪塑造的“时间性”维度。是指空间情绪在空间序列中逐渐展开的过程。首先，使用者会按照设计流线在空间中移动，并在时间维度上逐层推进地对空间的印象和情绪展开完整的理解。其次，人对于空间情绪的感知是一个循序渐进的过程，需要被培养和铺垫，才能更好体验空间的情绪。例如，北京紫禁城为了传达皇权的伟大，通过设计从千步廊到太和殿广场这一空间序列上的多个空间节点，来完成空间情绪从启蒙到酝酿，再到高潮的叙事关系。可见，空间在传达情绪时需要设计完整的序列。我们将这一序列以及序列上的各重要空间节点按照文学叙事的方法进行类比性的表述，称其为空间叙事的“起、承、转、合、离”关系。

起，即从外部空间到入口之间的过程。在从见到建筑的外轮廓，到逐渐靠近建筑的过程中，通过阅读建筑的形象形态，建筑与周边环境、场地的关系逐渐展现出来，参观者第一次阅读到设计师对于环境、城市、文脉的态度，初步感知建筑要传达的情感。

承，即入口空间，包括入口前的集散空间、入口、入口后的门厅三个部分。在从室外到室内空间的切换过程中，通过室内外空间的对比、门厅空间场景的塑造，完成情绪的承接与延续，此时参观者第一次感受到建筑所要表达的情感。

转，即入口空间到核心空间的过程。在这个过程中，强调空间场景的变化，通过丰富且有递进性的空间，将情绪一步步铺垫直至即将达到高潮。

合，即核心空间。通过一系列的空间流转、情绪铺垫，最终达到整个建筑中情绪性最强烈的空间，此作为空间情绪叙事中的高潮。

离，即从核心空间到出口之间的过程。在这个过程，空间场景变化逐渐缓和，最终完成情绪的平复。

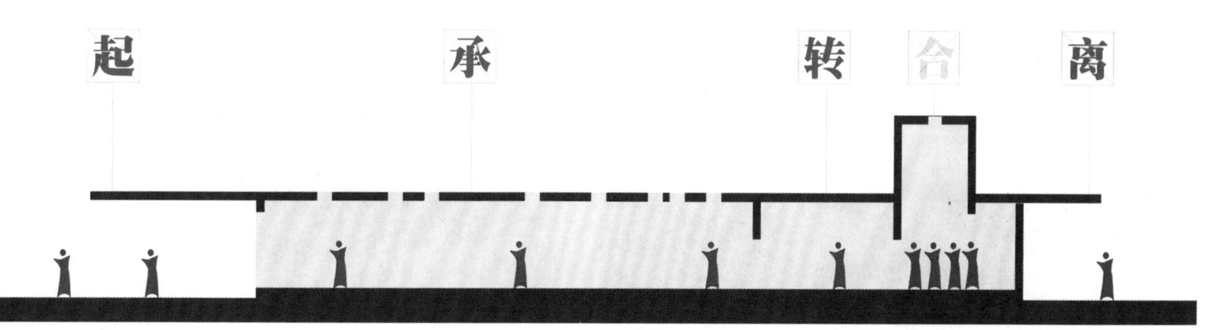

空间情绪的叙事性

图片来源 /作者自绘

例如，中国建筑师刘克成的中国科举博物馆设计，建筑位于南京江南贡院遗址的所在地，这里曾是中国古代最大的科举考场。博物馆深置于被现代城市所覆盖的历史空间之中，像是一个消隐于地下的科举文化宝箱。在建筑情绪的叙事中，通过空间的对比、层次以及展示的内容等，完成了对科举历史兴衰的讲述，让参观者在建筑游览之中经历一系列的情绪跌宕起伏，感受历史的更迭与变迁。

起，博物馆的顶部也是建筑的入口前空间，为一汪平静的池水，池水倒映着明远楼及周边的城市与来客；沿着水池外围的坡道，围绕核心通向地下四层，漫长、高狭的廊道将游客缓缓引入博物馆的入口，此为“承”；进入博物馆后，面对一展品徐徐靠近，转身间忽现“一线天”——阳光从狭长的天井中照在竹简墙上，此为“转”；再循着黑暗中的光走去，从低矮的门框进入的瞬间，高耸宽阔、星芒灿烂的中厅一下充满视野、直击心灵，最终到达科举文化“宝箱”，此时达到了情绪的高潮，此为“合”；最后参观者拾级而上，豁然见到这段历史仅存的见证——明远楼，刹那间穿越时空，将故事最后的想象留给了参观者自己，此为“离”。

刘克成——中国科举博物馆

参与设计师 /刘克成、肖莉、吴迪、王毛真、罗婧、樊淳飞、李少翀、王文韬、韩旭、乔涛、陈义塘、孙逊、席鸿、甘超、吴崇山、杨曦、董婧

图片来源 /刘克成工作室

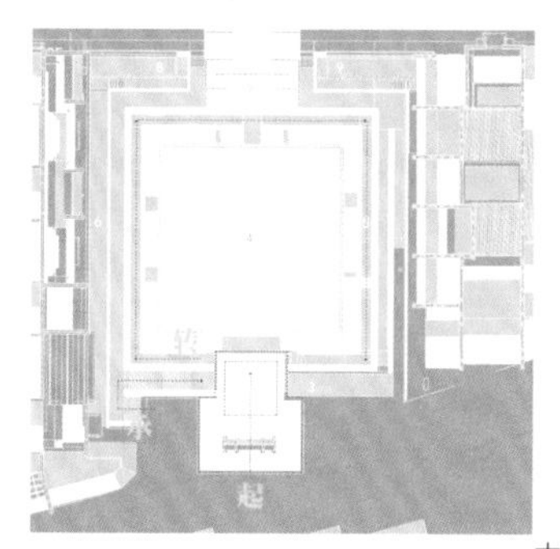

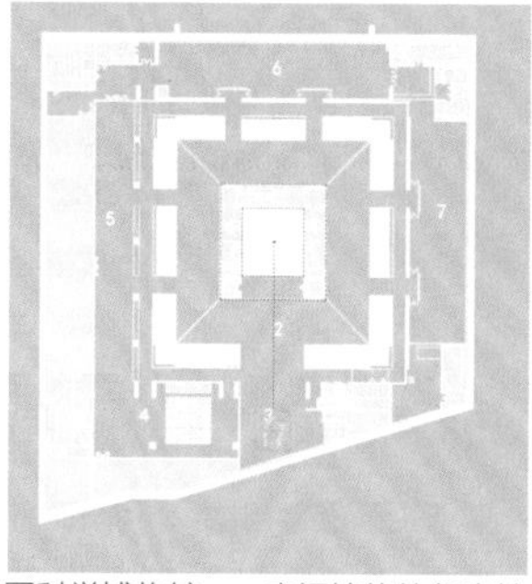

中国科举博物馆——空间情绪的叙事性

图片来源 /陕西省古迹遗址保护工程技术研究中心、作者改绘

2　情感与空间的转译方法

步骤 1：转译的起点——文字描述

人在阅读或是观赏自然的过程中，所有的理解与想象都是抽象地存在于个体的脑海中，因此我们需要通过语言文字的描述，来帮助我们完成“内容的输出”。在从抽象想象到文字描述的过程中，强调描述的故事必须同时具备文学性与空间性，文学性使故事逻辑连贯、人物情绪饱满，空间性使得故事丰富有场景感，例如红楼梦中描述林黛玉进贾府的片段，“黛玉扶着婆子的手，进了垂花门，两边是抄手游廊，当中是穿堂……黛玉入室，与外祖母相见悲喜交集……”。此段描写在细致描述了人物进入空间的全部过程中，也描述了空间在人的动线上展开的方法。我们鼓励学生完成类似的从抽象的意境到具体的空间场景文字描述的转译。

步骤 2：转译的媒介——图像反映

文字描述作为第一步的转译，已完成了基本的空间想象，但文字在信息的传递、情感的表达上不够直观，要从中提取建筑设计的手法与理念相对较困难。因此，要完成从文字到空间的第二步转译，通过转译的媒介——二维的图画，进一步描绘想象中的场景，通过画面对建筑的空间设计提供最直接的原型与支撑。这个阶段，要求学生绘制人视点的透视场景图，场景图可以是不连续的，重点强调每一个场景的情绪表达，最大还原想象中的意境。

步骤 3：转译的终点——空间呈现

当想象中的意境通过两次转译成为二维图画后，将以此作为空间原型完成转移的最后一步也是最重要的一步——空间呈现。首先将单个的场景图完成立体化，生成三维空间；其次利用“有境”教学环节中的空间语言、空间布局、空间结构三个原则，对多个空间进行组织，生成一个完整的建筑，最终完成从情感到空间的转译。

骤 1：转译的起点——文字描述

【立傳】

寐狐石

古有妖狐，修道千年，終得人形。其形也，翩若驚鴻，婉若游龍。榮曜秋菊，華茂春鬆。彷彿兮若輕雲之蔽月，飄飄兮若流風之回雪。遠而望之，皎若太陽升朝霞；迫而察之，灼若芙蕖出淥波。得仙命，入塵世，渡情劫以羽化成仙。京都遇周郎，眉目疏朗，端嚴若神。音詞清遠，言談雅亮，聽者無厭。一見傾心，結發厮守，終其一生。周郎死，狐悲痛欲絕，泣數日，散盡修爲，人形不復。：成仙無道，天喪與貳。：寐于層林疊嶂之間，千年不醒，化爲頑石，是爲寐狐石。後有文客王生，誤入林中，迷離失其道，若見一狐，蜷尾閉目，寐于林間，美麗如畫。王生尋之，汲汲不得道，迷離不可近也。尋不可得，作傳記之。

【立傳】

護犢

民有珍獸，白皮黑文，乘之能日行千裏，性慈，不食生物。世人奇之，欲擒而訓爲家獸。奈何該獸行動迅捷，百擒無果。故轉生一計，伺其分娩休憩之際，捕其子遠遁，細訓之。其母醒後，繞地三尋無果，竟號哭嗆地，哀轉久絕。繼日，猶不食不眠尋子，其聲嗚咽，聞者落泪。日日如此，夜夜皆然。所到之處，方圓百裏，百姓莫不心絞，紛紛避之。其子感母鳴，亦終日哀鳴，兩鳴相交，凄入肝脾。又過半載，母子終相見。子手足盡扣鐐銬，困于雪山之巔；母瘦骨嶙峋，白皮染血。兩目相視，皆不由落泪，低咽之。有貪婪者，伏于一側，伺時而動。時子獸鐐銬盡除，母子相擁，母獸聞刀劍聲，側身護犢，血染天幕。時年大雪封山，或幾年，後人入山，見一冰石，狀若母子相擁，以爲驚絶。

骤 2：转译的媒介——图像反映

骤 3：转译的终点——空间呈现

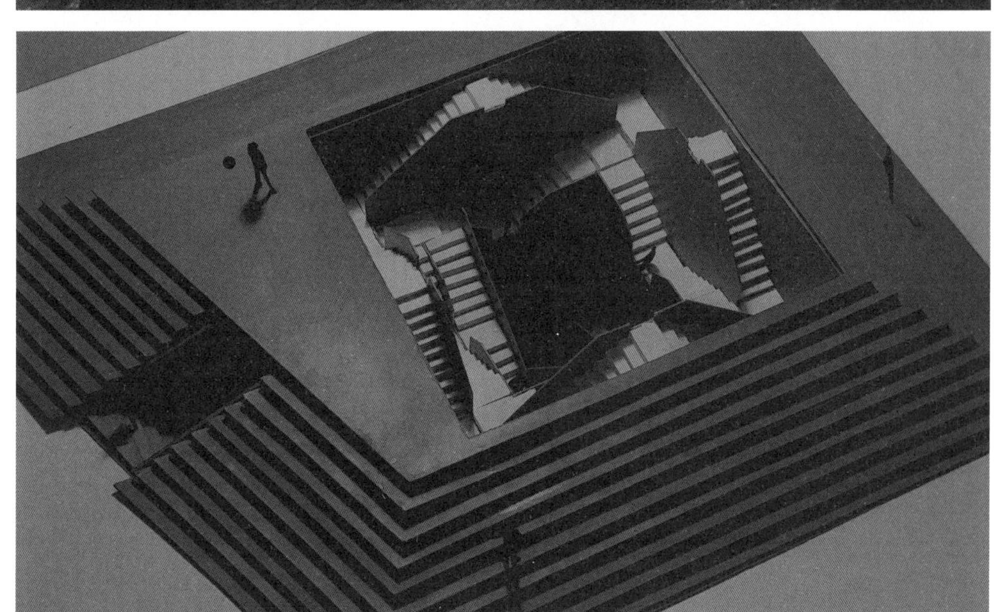

图片来源 / 学生作业

因诗化境

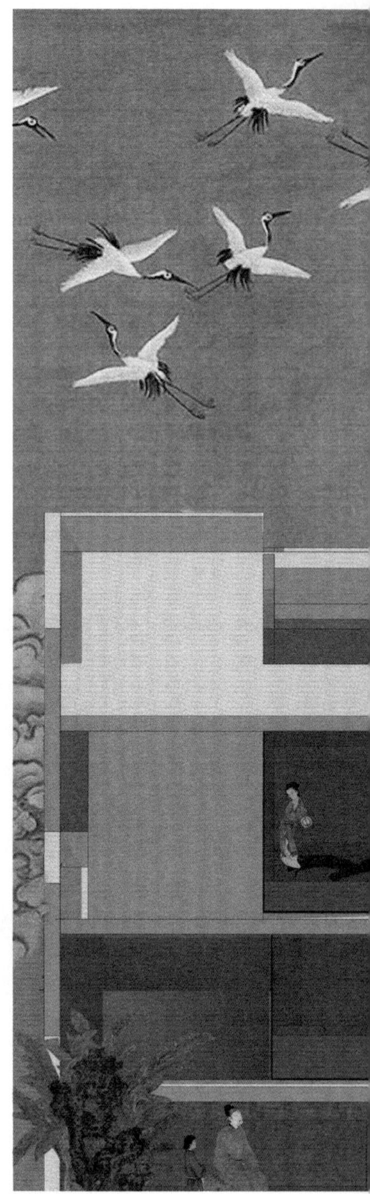
大观园

3　空间情绪塑造练习的课题

在这个课题中，重点是完成从抽象意境到具象空间的转译，因此教师需要挑选合适的被转译对象，要求转译对象要有意境的想象空间，还要有易识别的情感特征，以利于学生在此基础上完成训练。以下选取了三种转译对象：

因诗化境——诗歌的空间转译，诗歌是一种富有韵律、情感充沛的语言形式，很多咏景诗充分表达了空间的情绪，适宜作为转译的对象。

大观园——文学的空间转译，《红楼梦》中的故事描述是文学性与空间性兼备的典范，具有完整细腻的人物背景、清晰且丰富的空间场景。

观石六法——自然意境的空间转译，石头作为中国感物喻志的典型观赏物之一，常被赋予人类的各种情感寄托，将对于景观拳石的情感表达进行空间呈现，有利于培养空间转译的能力。

观石六法

图片来源 /学生作业

阶段 /PHASE	课题 /THEME
步骤 1：转译的起点——文字描述	用文学性及空间性兼备的文字描述完成从抽象意境到具体的空间场景文字描述的转译
步骤 2：转译的媒介——图像反映	要求学生绘制人视点的透视场景图，进一步描绘想象中的场景，重点强调每一个场景的情绪表达，最大程度上还原想象中的意境
步骤 3：转译的终点——空间呈现	将单个场景图完成立体化，生成三维空间，再利用“有境”教学环节中的原则对多个空间进行组织，生成一个完整的建筑，最终完成从情感到空间的转译

内容 /DETAIL

1. 品文赏石；
2. 依据对对象的理解确定故事标题；
3. 完成包含起、承、转、合、离空间序列的故事或小传。

萬骨枯

浩浩乎黃沙無垠，逈不見人。河水縈帶，群山糾紛。黯兮慘悴，風悲日曛。蓬斷草枯，凜若霜晨。鳥飛不下，獸鋌亡群。凉冽海隅，積雪沒脛，堅冰在須，鷙鳥休巢，征馬踟躕，繒纊無溫，墮指裂膚。此乃古戰場。

奇石「萬骨枯」，沒于黃沙之間，狀若枯骨參差，鬼神凝結。光陰流逝，琢磨頑石，寒暑易節，鍛淬筋骨。後人偶得，視之，若利刃穿骨，驚沙入面，四顧，若枕骸遍野。尸填城窟，天地爲愁，草木凄悲。悲哉！哀哉！

護犢

民有珍獸，白皮黑文，乘之能日行千里，性慈，不食生物，世人奇之。欲捨而馴爲家獸，奈何該獸行動迅捷，百擒無果。攸轉生一計，伺其分娩休憩之際，擄其子速逃。細馴之，其母離後，繞地三匝無果，竟號哭嚎啕。哀轉久絕，翌日，猶不食不眠尋子，其聲嗚咽，聞者落淚，日日如此，夜夜皆然。所到之處，方圓百里，百姓莫不心疼，紛紛避之。其子感母嗚，亦終日哀鳴，兩鳴相交，凄入肝脾。又過半載，母子終相見，子手足盡扣鎖鏈，困于雪山之巔；母瘦骨嶙峋，白皮染血。兩目相視，皆不由落淚，低咽之。有貪婪者，伏于一側，伺時而動。時子獸掙鍺盡除，母子相擁，母獸聞刀斜擊，側身護犢，血染天幕。時午大雪封山，歲歲年年，後人入山，見一冰石，狀若母子相擁，以爲奇絕。

1. 绘制人视点空间场景图；
2. 对场景图进行起、承、转、合、离的空间序列组织。

1. 单个场景图立体化，生成三维空间；
2. 空间语言选择；
3. 空间布局确定；
4. 空间结构整理；
5. 生成完整建筑，完成从情感到空间的转译。

图片来源 /学生作业

“诗歌与文学的空间转译”设计训练教学过程

步骤 1：意境的感知

步骤 2：意象的提取

步骤 3：空间的叙事

步骤 4：空间的塑造

步骤 5：空间的组织

步骤 1：意境的感知

教学目的是理解诗词中所描述的空间氛围，掌握从诗词的文字到意境的想象、再到文字表达的技能。

本阶段的教学采用课堂讲授与讨论的方式。在教学过程中，教师引导学生完成从文学性意境到空间性场景的转译。

“因诗化境”——诗歌的空间转译课题教学中：先由教师选择诗词，并将全班同学分组匹配主题，包括咏物、咏景、描写传统建筑等类型，然后通过抄写、朗诵诗词并检索相关的分析文献和其他形式的相关作品的方式，引导学生感知诗词中的意境。

“大观园”——文学的空间转译课题教学中：教师选择《红楼梦》中描述各院落的片段，并分配给各位同学，然后通过背景人物了解、检索相关文献等方式，引导学生将《红楼梦》中对于大观园内各院落的空间描写进行空间特征的总结。

最终通过“空间叙事”逻辑对诗歌或文学中的空间意向进行总结，完成从抽象概念到具象画面的想象与表达。让学生能感受美，也能描述美。本阶段的设计成果为 500 字以内的空间场景描述。

春江花月夜

唐　张若虚

春江潮水连海平，海上明月共潮生。
滟滟随波千万里，何处春江无月明。
江流婉转绕芳甸，月照花林皆似霰。
空里流霜不觉飞，汀上白沙看不见。
江天一色无纤尘，皎皎空中孤月轮。
江畔何年初见月？江月何年初照人？
人生代代无穷已，江月年年只相似。
不知江月待何人，但见长江送流水。
白云一片去悠悠，青枫浦上不胜愁。
谁家今夜扁舟子？何处相思明月楼？
可怜楼上月徘徊，应照离人妆镜台。
玉户帘中卷不去，捣衣砧上拂还来。
此时相望不相闻，愿逐月华流照君。
鸿雁长飞光不度，鱼龙潜跃水成文。
昨夜闲潭梦落花，可怜春半不还家。
江水流春去欲尽，江潭落月复西斜。
斜月沉沉藏海雾，碣石潇湘无限路。
不知乘月几人归？落花摇情满江树。

步骤 2：意象的提取

教学目的是理解意境和意象对于空间塑造的意义，掌握意象的提取，以及意境从文字到画面的表达。

本阶段的教学采用课堂讲授与讨论的方式。在教学过程中，教师引导学生通过本专业的技能完成从文字描述到空间画面的转译，即将 500 字的空间场景描述转译为手绘场景图，强调通过色彩、视角、笔触等绘画技巧来表达想象中的意境。

“因诗化境”——诗歌的空间转译课题教学中：诗歌相对《红楼梦》的文字表达更“朦胧”，在步骤 1 意境描述的基础上，学生提取意境中典型的意象进行组合与创作，这既完成了对原作品意境的提炼，又融合了学生个人的理解和想象，成为学生建筑设计的概念原型。

“大观园”——文学的空间转译课题教学中：《红楼梦》的文章片段对空间进行了详细的描述，学生需要将其中最为典型的空间进行想象并绘成场景图，在锻炼空间想象能力的同时，融入个人理解将核心空间的基本原型提炼出来。

本阶段的设计成果为手绘场景图。

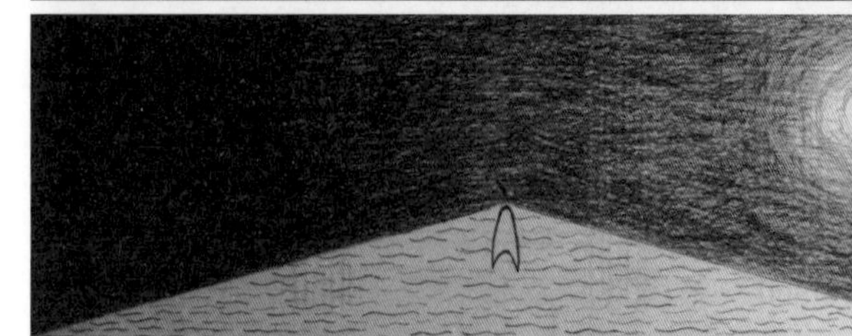

图片来源 /学生作业

步骤 3：空间的叙事

教学目的是理解空间叙事性对空间设计的意义，掌握空间序列的组织以及空间情感的表述。

本阶段的教学采用设计辅导与讲授相结合的方式。在教学过程中，教师引导学生将上一阶段的单个诗歌意境想象并丰富为多个带有序列性的空间。要求学生进行“空间叙事”的描述，包括对于“起、承、转、合、离”五个情境的描绘，以人在空间中的行为动线来表述是如何看见、进入、使用、体验、离开建筑空间，到达了一个怎样的空间，又是如何离开的。以上五个阶段都要有对应的空间场景，并绘制成基于人视角的透视图，以此来表达所描述的意象场景。本阶段的设计成果为多幅有序列性的手绘概念图。

图片来源 /学生作业

步骤 4：空间的塑造

教学目的是理解场景图对空间设计的指导与意义，掌握从场景到实体空间转译的能力。

本阶段的教学采用设计辅导与讲授相结合的方式。在教学过程中，教师引导学生运用适宜的空间操作手法来完成从二维场景图到三维空间的立体化。首先教师通过案例分析等，进一步向学生介绍材质、细节、形态等要素对空间品质及情感塑造的影响，然后在场景图的基础上，学生制作起、承、转、合、离五个典型空间的手工模型。并且要求运用诗词当中的物像来帮助实现诗词意境，将诗词意境空间化、具体化，并最终回归于意境。本阶段的设计成果为 1：100 的手工模型。

图片来源 / 学生作业

步骤 5：空间的组织

教学目的是理解空间序列性对空间组织的影响和意义，掌握多个空间的序列性组织。

本阶段的教学采用设计辅导与讲授相结合的方式。在教学过程中，教师引导学生将多个空间组织并组合成为一个完整建筑。教师将通过案例解析等，向学生讲述中国古典园林的空间组织方式与方法。要求学生在上述起、承、转、合、离五个空间的组织上，能够使用中国传统空间的处理方式，例如步移景异、回转、对景、借景、框景等方式，来实现多个空间的叙事性组合，以及进一步丰富空间的意境。通过以上五个步骤，最终完成一个以诗歌意境贯穿始终的建筑设计。本阶段的设计成果为 1：100 的手工模型，以及平面图、立面图、剖面图和轴测图，图纸比例为 1：100。

图片来源 /学生作业

“自然意境的空间转译”设计训练教学过程

步骤 1：正观

步骤 2：素描

步骤 3：立传

步骤 4：远观

步骤 5：近勘

步骤 6：出形

步骤 1：正观

教学目的是学会欣赏自然的美，掌握多角度观察并记录事物的能力。

本阶段的教学采用课堂讲授与讨论的方式。在教学过程中，教师引导学生对自然物——石头进行观察并记录。首先由教师进行石头的选择，并将全班同学分组匹配不同观察物，然后学生对石头的整体、局部、细节等进行多角度、多尺度的观察并拍照记录。在观察的过程中，教师要引导并帮助学生建立基本的审美，通过一块石头来了解并认识到自然的肌理美、形态美，培养学生发现自然美以及身边的美，并且还要能以富有美感的照片记录下来，完成对美的感知与记录。本阶段的设计成果为石头整体及细节影像图。

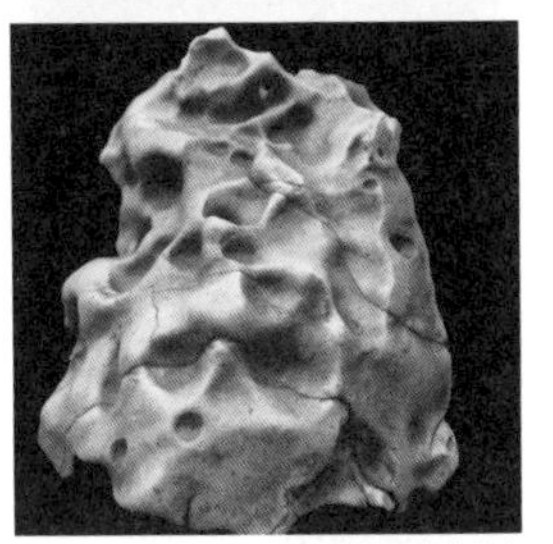

图片来源 /学生作业

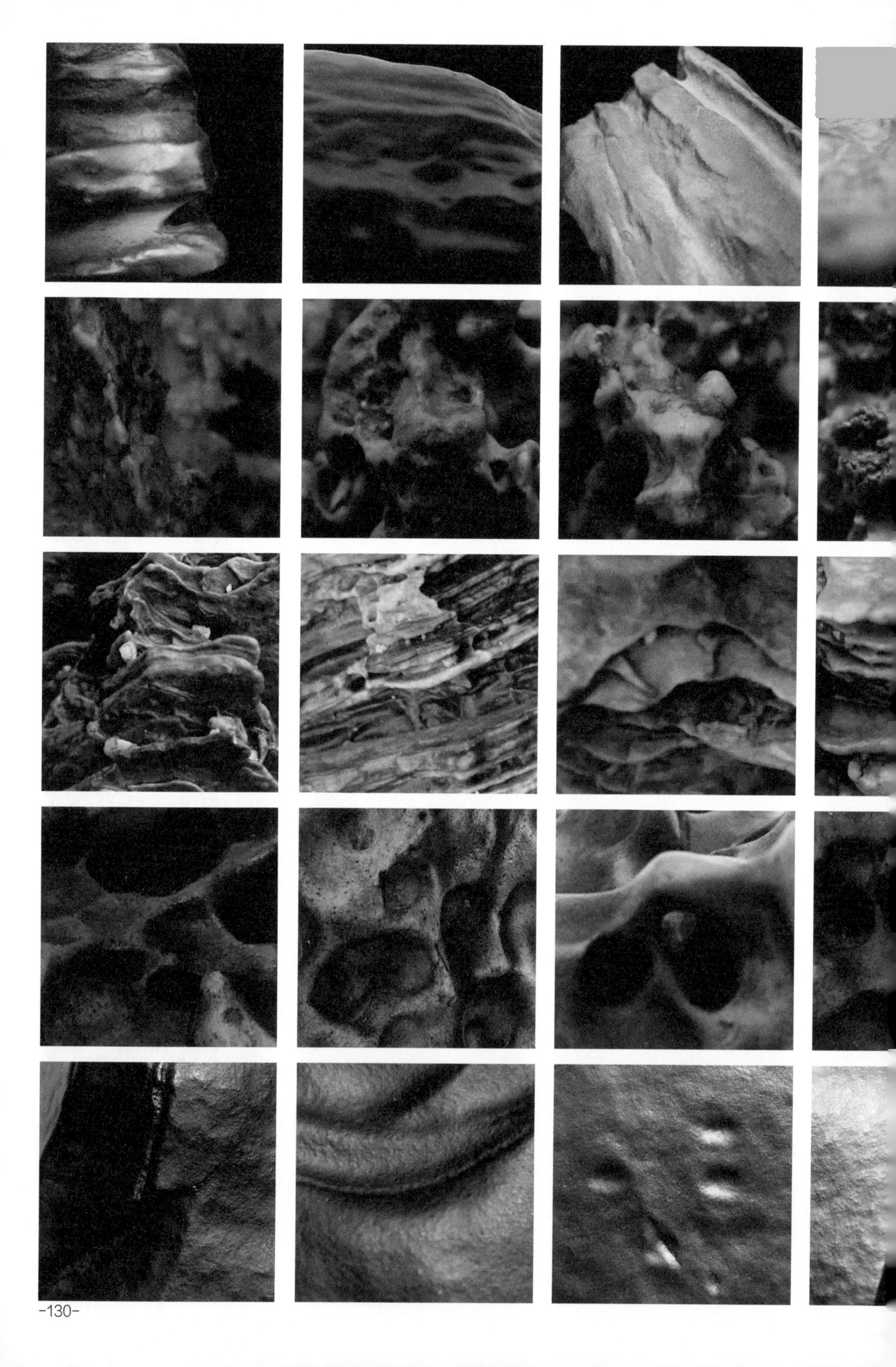

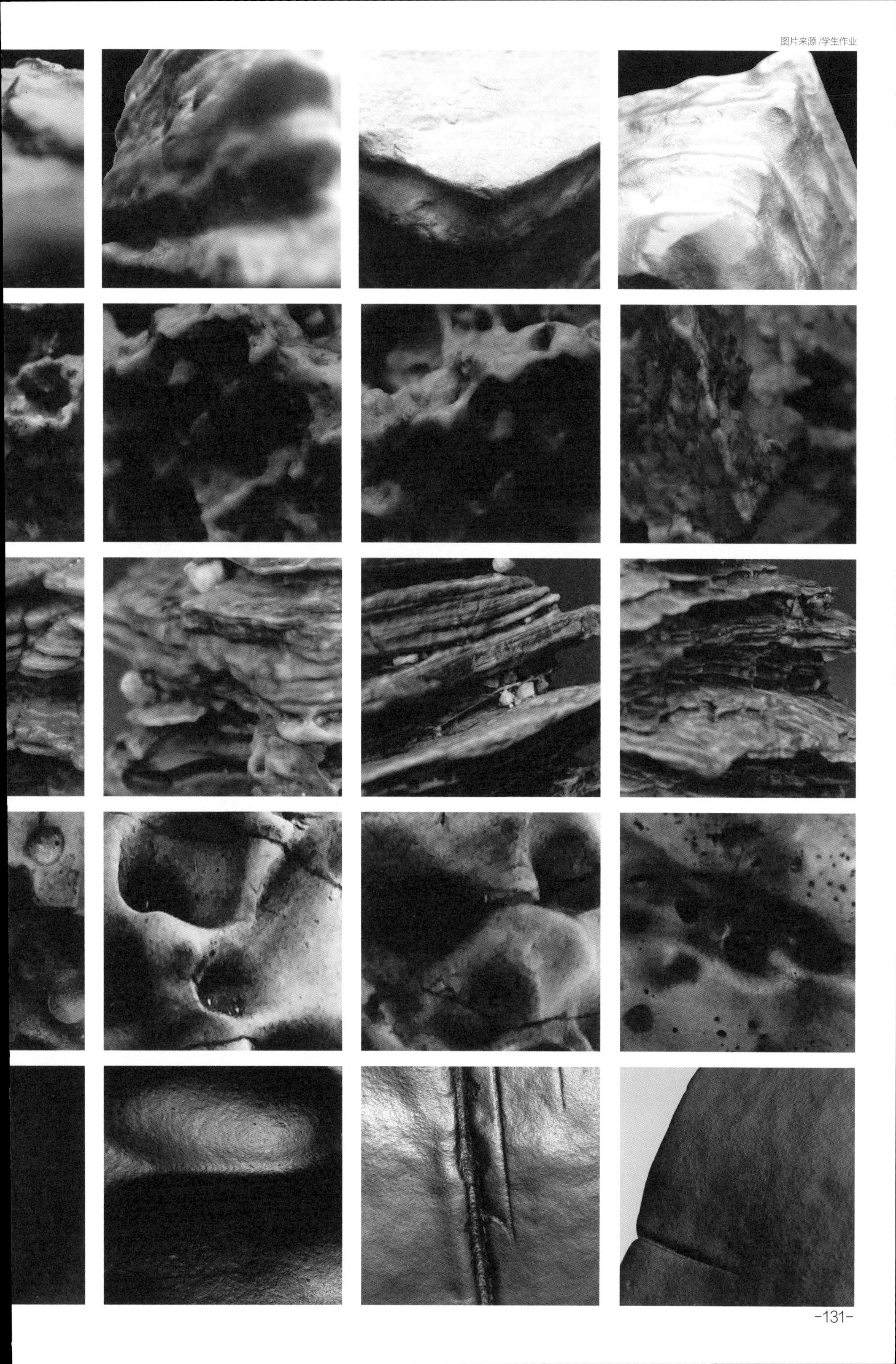

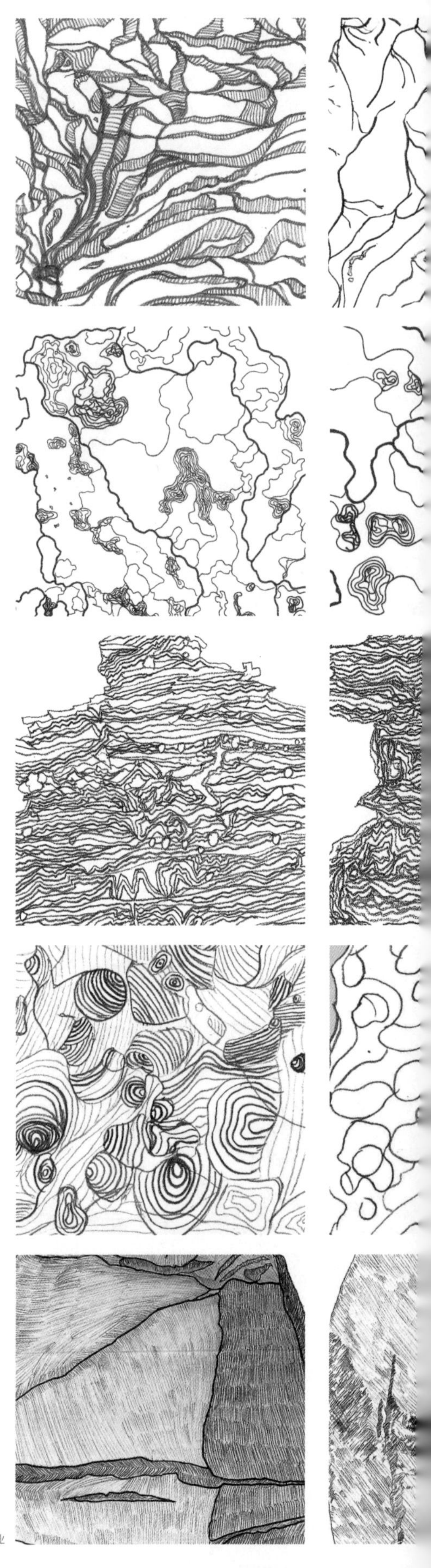

图片来源 /学生作业

步骤 2：素描

教学目的是理解提炼要素对建筑设计的意义，掌握从事物中提炼特征点并记录的技能。

本阶段的教学采用课堂讲授与设计辅导相结合的方式。在教学过程中，教师引导学生将石头绘制为白描画作。在从实物到画作的过程中，其目的并不是要完成美术学中纯纪实性的素描画，而是通过简单的线条来对复杂崎岖的石头进行第一次形象提炼，将复杂的事物简单化，引导学生找到事物的特征并进行记录与表达。在白描画中线条的粗细、疏密、曲直，不仅是实物的真实状态，也融合了学生个人的理解与想象，而画作的整体美感也是其审美能力的训练和表现。本阶段的设计成果为手绘白描图。

【立傳】

古有妖狐，修道千年，終得人形。其形也，翩若驚鴻，婉若游龍，榮曜秋菊，華茂春鬆。彷彿兮若輕雲之蔽月，飄飄兮若流風之回雪。遠而望之，皎若太陽升朝霞；迫而察之，灼若芙蕖出淥波。得仙命，入塵世，渡情劫以羽化成仙。京都遇周郎，眉目疏朗，端嚴若神。音調清遠，言談雅亮，聽者無厭。一見傾心，結發廝守，終其一生。周郎死，狐悲痛欲絶，泣數日，散盡修爲，人形不復。"成仙無道，天喪與貳。"寐于層林叠嶂之間，千年不醒，化爲頑石，是爲寐狐石。後有文客王生，誤入林中，迷離失其道，若見一狐，蜷尾閉目，寐于林間，美麗如畫。王生尋之，汲汲不得道，迷離不可近也。尋不可得，作傳記之。

步骤 3：立传

教学目的是理解情感对于建筑设计的意义，掌握提炼事物核心特征、注入个人情感创作的能力。

本阶段的教学采用课堂讲授与设计辅导相结合的方式。在教学过程中，教师引导学生将石头白描画作进一步抽象为更简洁的线稿，提炼其形象的核心特征，犹如毕加索《公牛》画作一般，用最简单的线条来描述一个事物最基本的特征。在二次提炼后的线稿形象上，再注入学生个人的想象和情感，对其“前世今生”进行叙述，要求故事包含起、承、转、合、离五个叙事阶段，此为对其的第三次创作。带有个人情感色彩的故事使得简洁线条的形象饱满立体起来，完成了从自然物的特征提炼，再到个人理解的创作表达。本阶段的设计成果为手绘线稿图以及 300 字以内传记一则。

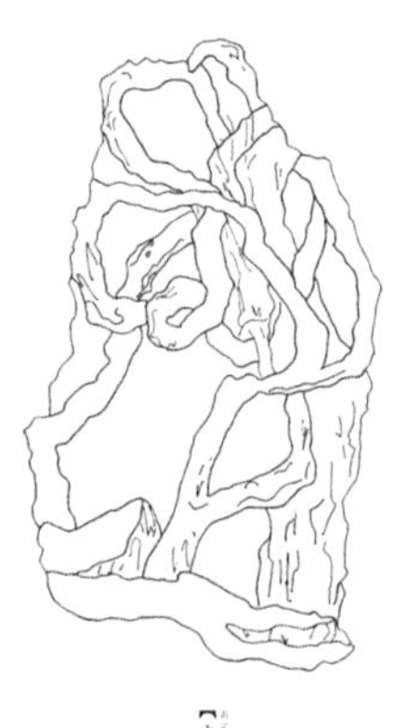

【立傳】

雙生石

僻地有一坊，名曰："百花深處"。本是赤地經年，久無生機，卻又馥鬱香氣氤氳恍恍間攝人心魄，細辨有百花香，故以"百花深處"稱之。坊間有媼言，此間原有百花盛，原有妖石一夜凋。其石立坊間，璧雙開，糾然而生，難分難離。自古祇識一荷并蒂兩開花，怎見有石不毅然竟似荷兮，？實有一書生逅一千金于百花間，相惜相悅。嘗世間至幸極妍。囿于不得成全，雙雙以死明志，相攜赴黃泉。精魄裊裊不去，化此間石。百花齊悼，一夕竟消。空餘"百花深處"爲媼緩緩道……

图片来源 /学生作业

上九天攬月

從下往上看，衹能看到層層叠叠的片石，你會感覺到你整個人被束縛在層層叠叠中。漸上九天之上，層叠的不規則的片石，千形百异的雲層，堆叠在一起。

越過看上去高不可攀的九天之上，突見一處亮光，漸行漸近，頗有一種上九天攬月的豪情。

【立傳】

千隼

阿斯哈圖石，阿斯哈圖是蒙古語，意爲"險峻的岩石"，其石頭一層一層的叠加本就决定了它的險峻。此類石頭也爲沉積岩，又稱爲水成岩，是三種組成地球岩石圈的主要岩石之一。他是在地表不太深的地方，將其他岩石的風化産物和一些火山噴發物，經過水流或冰川的搬運沉積成岩作用形成的岩石。沉積岩中所有含有的礦産，占全部世界礦産藴藏量的80%。阿斯哈圖石形成于距今3至8億年前的震旦紀，在一系列地理作用下，形成了如今的地貌，其姿態各异，有的石頭彷彿讓你置身于動物世界，千奇百怪的動物在你眼前顯現；有的又好似讓你置身于科幻世界，各種樣式的飛船 戰艦停靠在休息站等待指令，因而此類石頭也成爲了世界罕見奇觀之一。

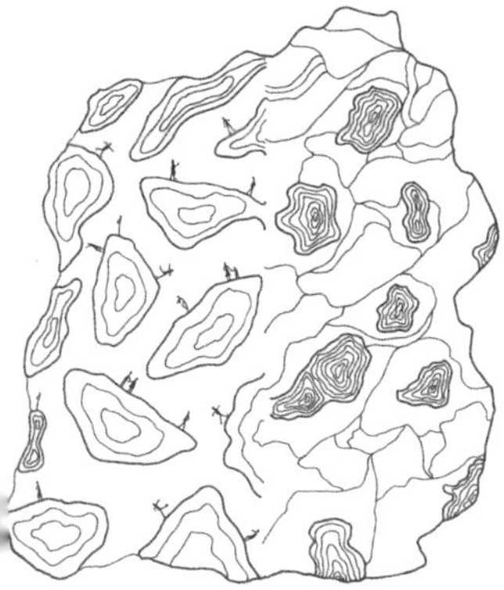

【立傳】

洞

上古有傳，天帝案臺上有一鎮紙石，原爲東海畔普通頑石，幸爲天帝賞識。日夜吸收天地靈氣，久之，生靈根，通人性。是日，天帝因事外訪，該石化人形偷溜出天門，至三界閑游，覽六道奇觀。奈何該石常伴天帝案頭，心性自孤傲，舉止狂妄，出入三界六道。所經之地，六道主皆有不滿，加之陳年舊事恩怨，六道矛盾日益尖鋭，天道平衡打破。三界大亂，人間尤甚，日夜顛倒，草木不生，天崩石亂，衆生無米亦無宿，尸骨成山。該石見之，愧難自已，割下血肉，助衆生，至此身間竟遍布血洞，氣息奄奄。臨死之際，念及衆生無庇所，化爲洞山，護衆生平安。後人念其知錯能

【立傳】

練功石

壁削千韌，枯鬆側挂，石立林間。一人負劍西至。充耳琇瑩，會弁如星，至陰至柔。劍修五尺，黯黯寒光，氣斂玉匣。劍曰："望舒"。一人負劍東來，目射寒星，眉渾如漆，至陽至剛。劍闊七寸，光映日月，氣排牛門。劍曰："巨闕"。人至，相望，劍出，石裂，紋如冰裂。寒暑易節，斯人已逝，雨雪洗練，痕愈彌新。後人視之，猶若往昔重現目前。

【立傳】

星球墜落

我是太空中一顆不知名的小行星，每天隔着很遠的地方，看着一顆藍色的星球，朋友告訴我，那是地球，上面有生命，很美。一個偶然的機會，我脱離了自己的軌道，那一刻，我心中不是害怕，反而是欣喜，我終于有機會靠近地球了。在我離她越來越近的時候，我的身體開始灼燒，炸裂，巨大的疼痛包裹着我，但一想到那顆美麗的星球，我就就有了更大的動力，最後，我墜落到了地球上，那一刻，我像一個戰士一樣，滿身的傷是我最大的驕傲。

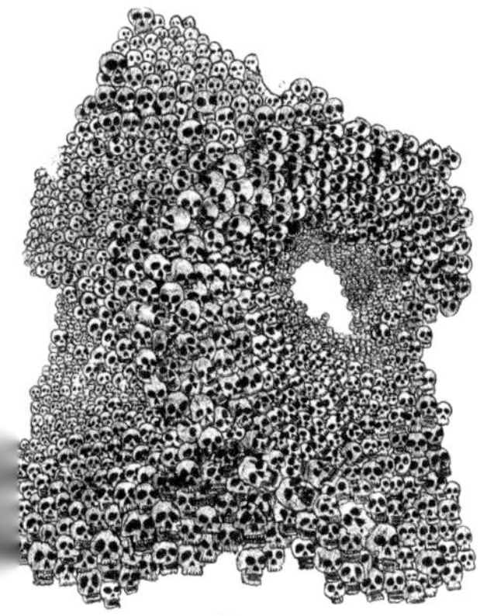

【立傳】

萬骨枯

浩浩乎，黄沙無垠，逼不見人。河水縈帶，群山糾紛。黯兮慘悴，風悲日曛，蓬斷草枯，凛若霜晨。鳥飛不下，獸鋌亡群。凛冽海隅，積雪没脛，堅冰在須，鷙鳥休巢，徵馬踟蹰，繒纊無温，墮指裂膚。此乃古戰場。

奇石"萬骨枯"没于黄沙之間，狀若枯骨參差，鬼神魄結。光陰流逝，琢磨斑駁。寒暑易節，鍛淬筋骨。後人偶得，視之，若利簇穿骨，驚沙入面，四顧，若枕骸遍野，尸填城窟。天地爲愁，草木凄悲。悲哉！哀哉！

【立傳】

步骤 4：远观

教学目的是理解观看角度与方式对建筑设计的影响与意义，掌握发现并创造最佳观看方式的能力。

本阶段的教学采用课堂讲授与设计辅导相结合的方式。在教学过程中，教师引导学生远距离观察石头整体，发现最佳视角并设计出适合观察石头的托盘。首先将石头视为拳头大小的尺度，人以观看小盆栽的视角去观察石头；然后在通过前三个步骤对石头的理解与创作上，找到欣赏石头的最佳角度和方式；最后将这种观看方式通过手工模型表现出来。在这个尺度下，寻找到观看石头的最佳角度与方式，也是本次设计建筑的最佳观看角度与方式，即寻找设计建筑整体外观的最佳展示方式。本阶段的设计成果为手工模型。

丛中

九重天

双生石

陨石坑

云中

图片来源/学生作业

宝盒子

两界石

龙卷

云顶天宫

水里山

两界

图片来源/学生作业

苇渡江

大浪

一块黑夜

鲨鱼出水

步骤 5：近勘

教学目的是理解流线对建筑设计的影响与意义，掌握叙事性的空间组织。

本阶段的教学采用课堂讲授与设计辅导相结合的方式。在教学过程中，教师引导学生近距离观察石头细节。首先将石头视为高山般的尺度，人以蚂蚁视角行走在石头中并进行观察；然后将步骤 3 故事中的起、承、转、合、离五个阶段，意向化为空间场景，并在石头上找到相应的部位，完成从文字性到空间性的对应；最后结合故事发展与石头形态，将上述五个微观空间通过叙事性的逻辑联系起来，形成完整的观看流线。在这个尺度下，将个人想象演绎的故事与石头本身的形态相结合，形成了一个叙事性的空间流线，即为本次设计建筑的空间流线。本阶段的设计成果为手工模型与故事剧本。

图片来源 /学生作业

步骤 6：出形

教学目的是理解从概念提炼到落实建筑设计的完整思路，掌握融合多个设计概念的能力。

本阶段的教学采用课堂讲授与设计辅导相结合的方式。在教学过程中，教师引导学生将前五个步骤中提炼的各类概念融合生成一个完整的建筑。前三个步骤通过对石头形象的提炼以及再创作，形成了富有个人色彩以及故事性的形象特征；第四个步骤远观，将建筑比作石头，寻找到展示建筑全貌的最佳方式；第五个步骤近勘，结合故事情节与石头形态，寻找到欣赏建筑内部的最佳流线。五个观石步骤后，建筑的情感色彩、外观展示方式、内部流线一一从观察物石头中提炼出来，最后教师引导学生通过空间操作手法实现以上概念，完成以观石贯穿始终的建筑设计。本阶段的设计成果为 1：100 的手工模型，以及平面图、立面图、剖面图和轴测图，图纸比例为 1：100。

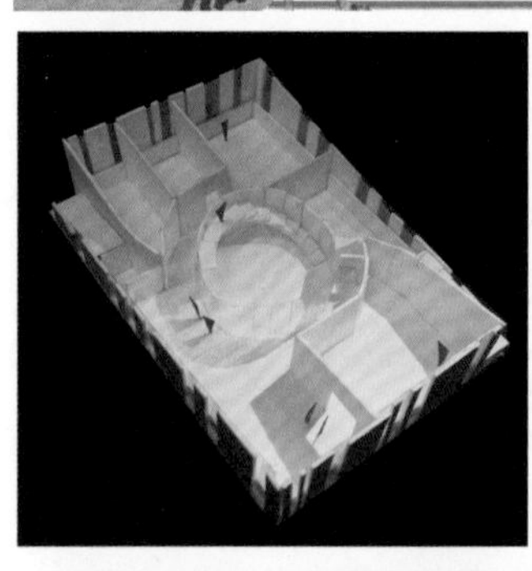

图片来源 /学生作业

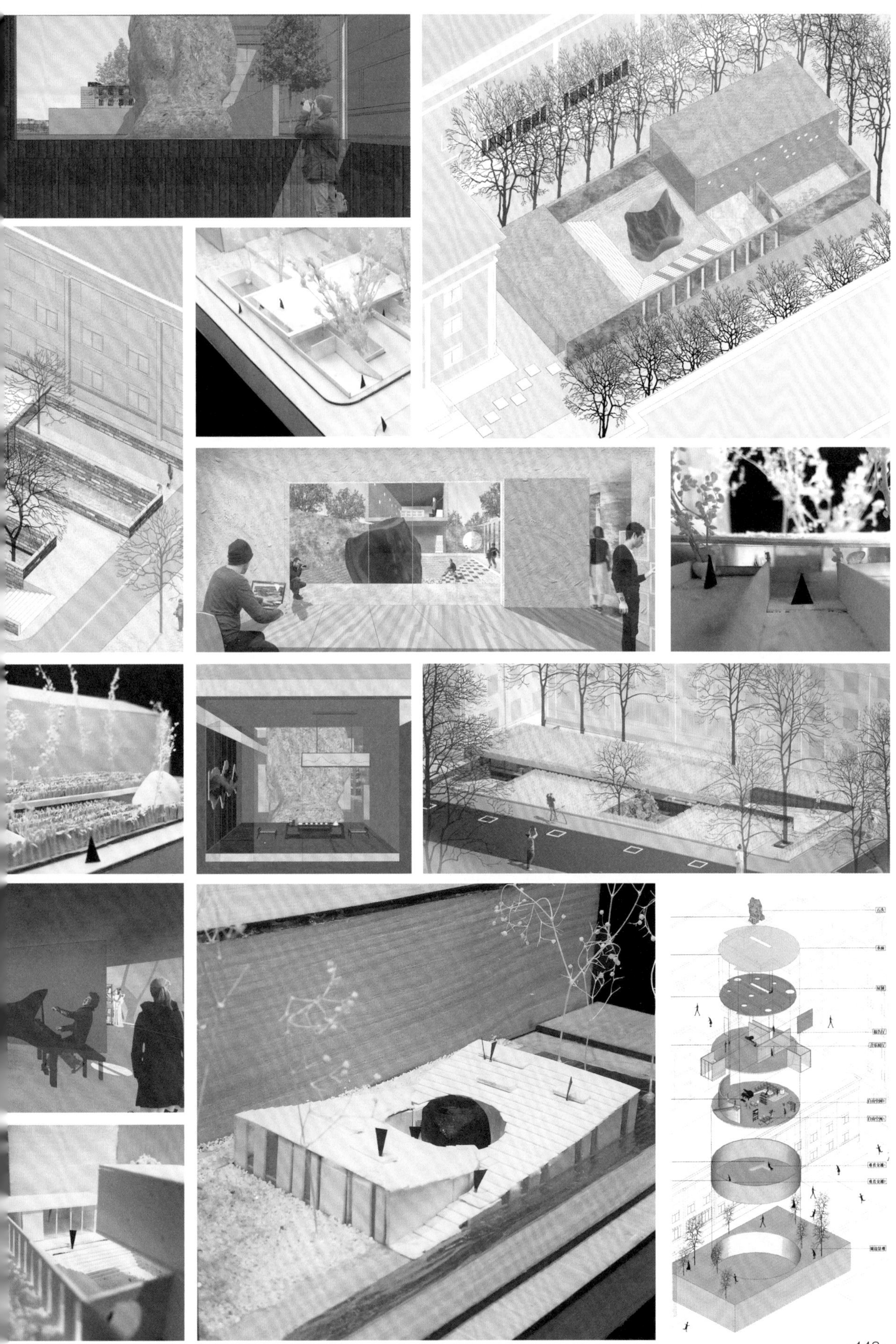
石头
水面
屋顶
报告厅
垂直交通

上林羽猎图卷（元佚）

图片来源 /中华珍宝馆．上林羽猎图卷（元佚）名 [EB/OL]. [2020-09-11].
http://www.ltfc.net/img/5da9f6067c23305a40f55431

因诗化境

诗歌意境的空间转译

半卷湘帘半掩门
碾冰为土玉为盆
偷来梨蕊三分白
借得梅花一缕魂
月窟仙人缝缟袂
秋闺怨女拭啼痕
娇羞默默同谁诉
倦倚西风夜已昏

咏白海棠

林黛玉

图片来源/学生作业

白海棠 | White Crabapple

该生要进行转译的诗文为《红楼梦》中林黛玉所作的诗文《咏白海棠》:“半卷湘帘半掩门，碾冰为土玉为盆。偷来梨蕊三分白，借得梅花一缕魂。月窟仙人缝缟袂，秋闺怨女拭啼痕。娇羞默默同谁诉，倦倚西风夜已昏。”该生提取了诗文所歌颂的白海棠作为意象，希望营造出高洁孤寂凄清的意境，使人在建筑中能对黛玉满腹忧伤却无处倾诉衷肠，只得听任西风摧残的凄凉心情感同身受。在具体操作手法上，该生将 U 形板的语言进行重复，在其中插入建筑体块及院落构成建筑主体。

该生对白海棠意象的基调把握准确，白墙、院落、白海棠等意象基本完成了对诗文孤寂凄清意境的塑造，较好地完成了教学要求。

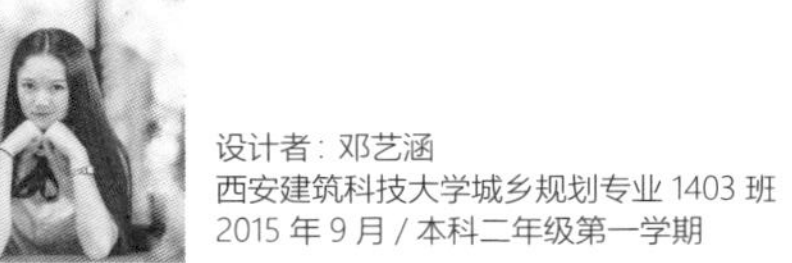

设计者：邓艺涵
西安建筑科技大学城乡规划专业 1403 班
2015 年 9 月 / 本科二年级第一学期

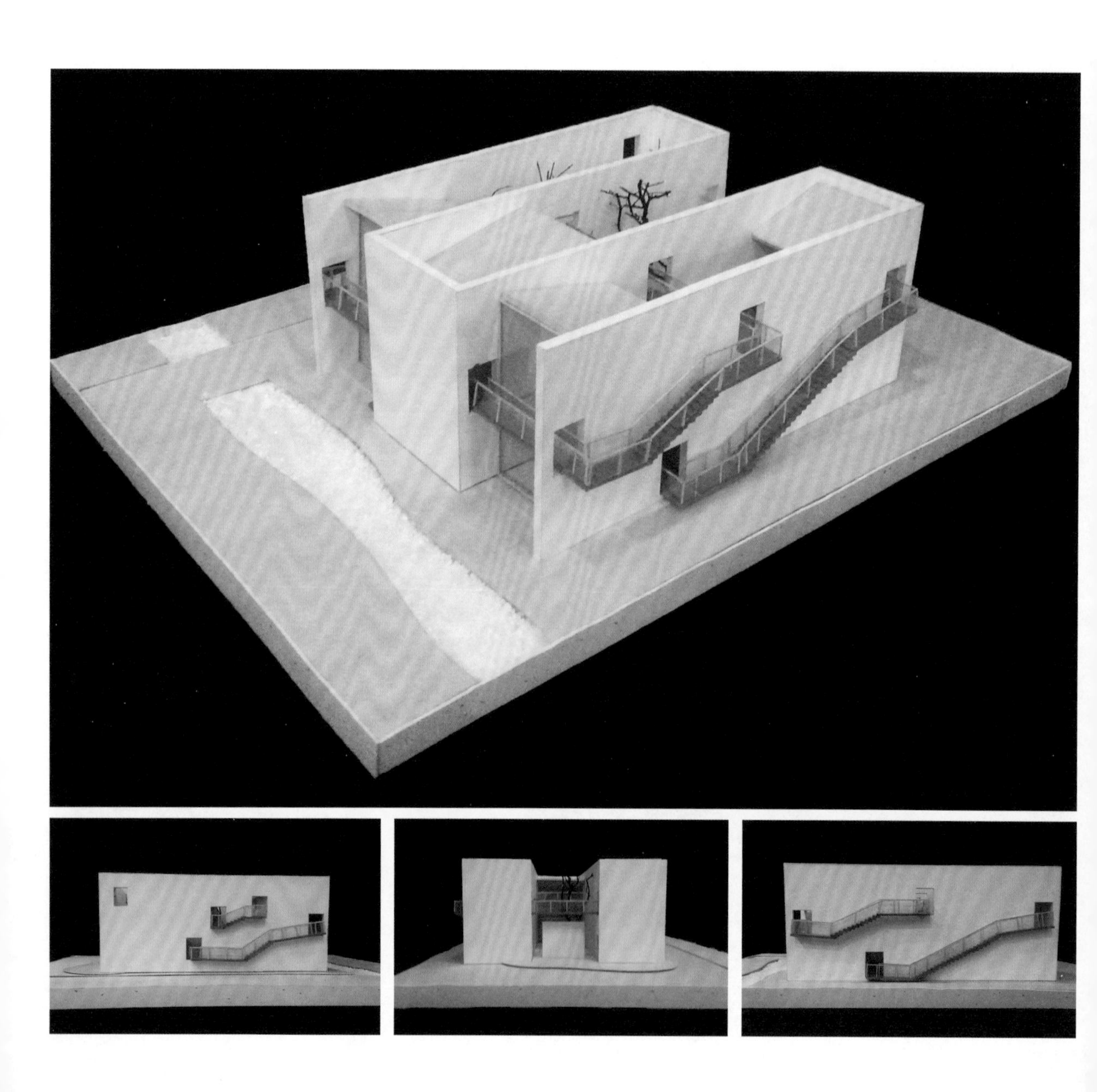

核心空间

建筑空间细节

图片来源/学生作业

图片来源/学生作业

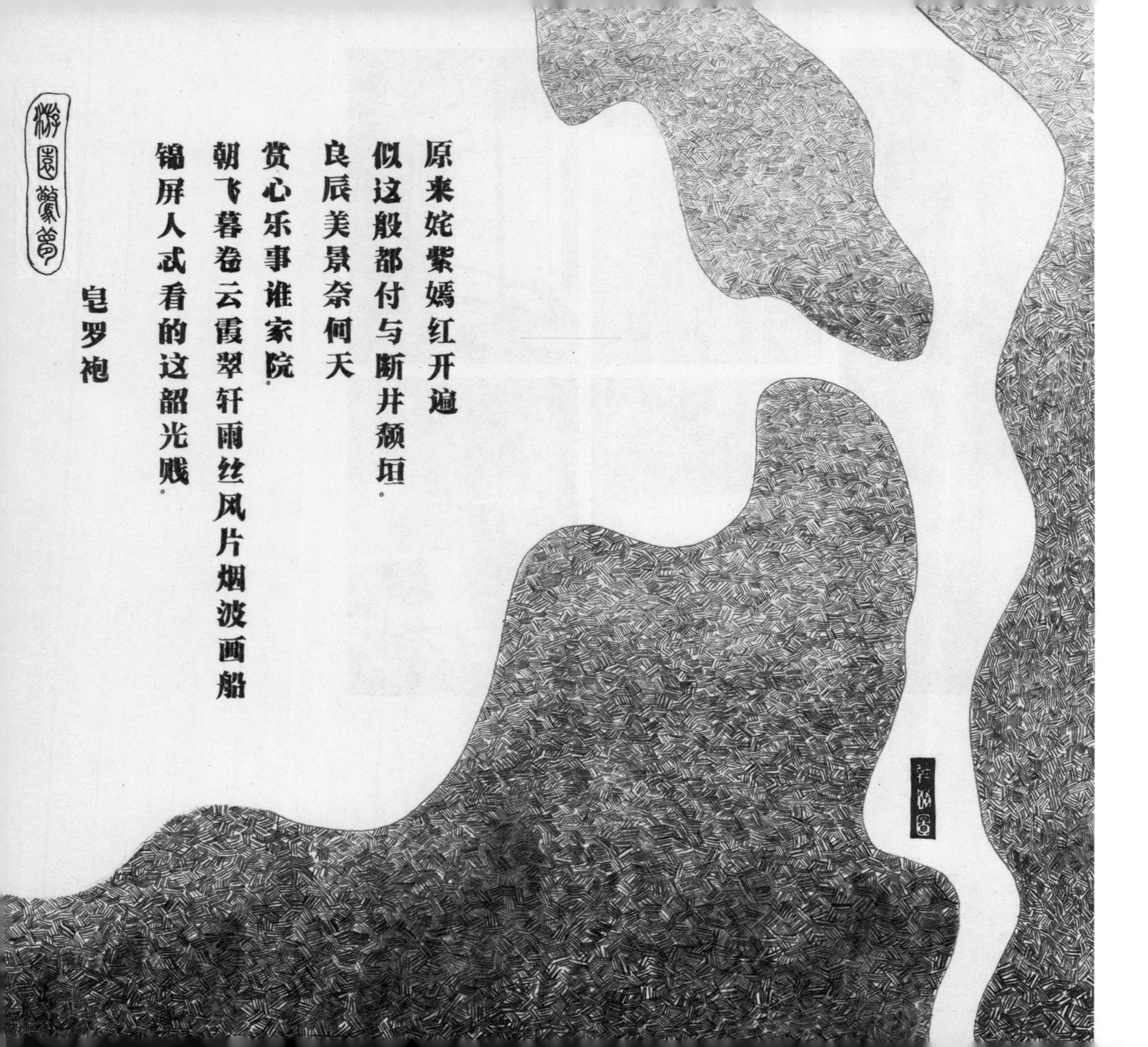

原来姹紫嫣红开遍
似这般都付与断井颓垣。
良辰美景奈何天
赏心乐事谁家院。
朝飞暮卷云霞翠轩雨丝风片烟波画船
锦屏人忒看的这韶光贱。
皂罗袍

惊梦游园 | Romantic Dream in Garden

该生研读的诗文为明代戏曲家汤显祖所作的《游园惊梦——皂罗袍》:“原来姹紫嫣红开遍，似这般都付与断井颓垣，良辰美景奈何天，赏心乐事谁家院。朝飞暮卷，云霞翠轩，雨丝风片，烟波画船，锦屏人忒看的这韶光贱。”该生从诗句中提取了“姹紫嫣红”及“断井颓垣”两项对比强烈的意象，希望营造出因春光易逝而怅惘无奈的意境。在具体的操作手法上，该生用体块的掏挖为基本语言完成建筑主体的构建。

该生对诗句解读到位，意象提取准确，意境营造贴切，较好地完成了教学要求。

设计者：薛诗睿
西安建筑科技大学城乡规划专业 1403 班
2015 年 9 月 / 本科二年级第一学期

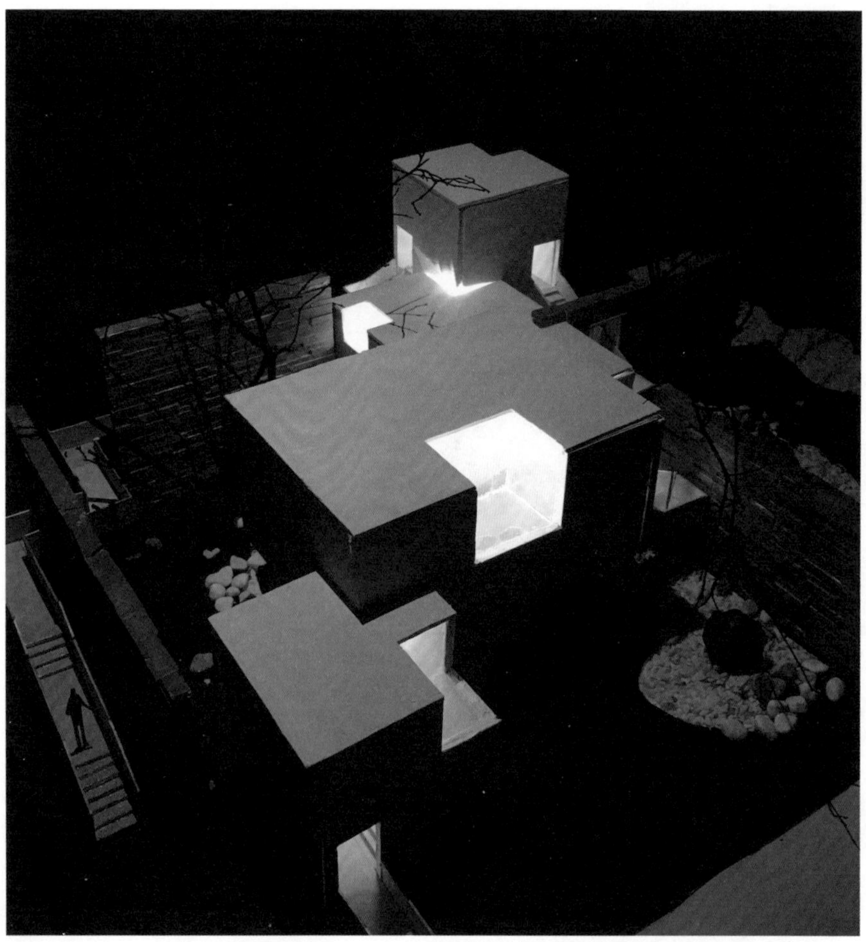

建筑模型

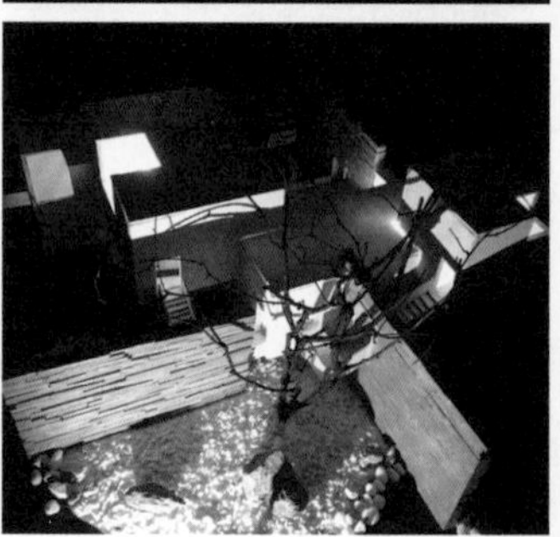

建筑模型局部

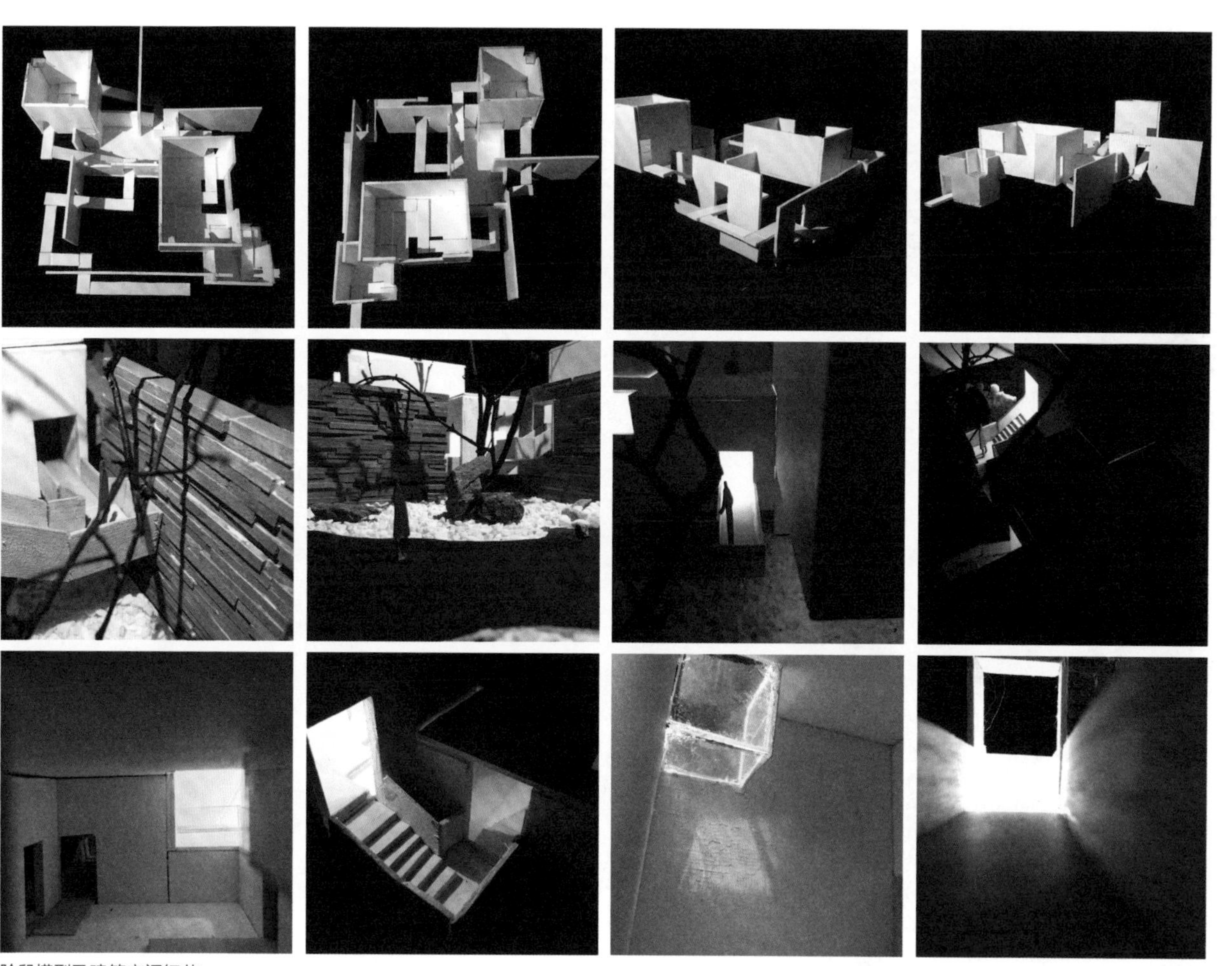

阶段模型及建筑空间细节

图片来源 /学生作业

孙温绘红楼梦

图片来源 /中华珍宝馆．孙温绘红楼梦（原件）-06 清 孙温 [EB/OL]. [2020-09-11]. http://www.ltfc.net/img/5ee42217a10badab512a54fc

大观园

文学意境的空间转译

设计者：王晨阳
西安建筑科技大学城乡规划专业 1503 班
2016 年 9 月 / 本科二年级第一学期

缀锦楼 | The House of Yingchun

在“大观园”课题中，该生的作业要求为在研读《红楼梦》中所有有关贾迎春的片段后，把握贾迎春的性格并转译为空间情绪，用现代建筑的语汇再造贾迎春的居所——缀锦楼。该生在研读了书中有关贾迎春的片段后，得出贾迎春懦弱怕事，遇事只知退让的性格印象，并由此赋予迎春居所缀锦楼较为封闭低调的基调。

在具体操作手法上，该生运用了体块掏挖的空间语言，使整个建筑的基调较为厚重淳朴，对应了该生前期研究得出缀锦楼低调的风格，较好地完成了教案提出的要求。

建筑模型及局部

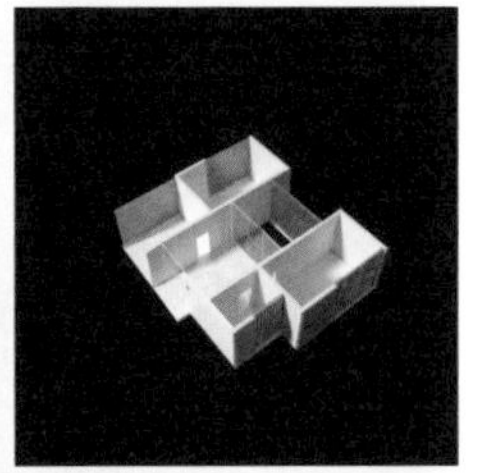

建筑模型空间拆解展示

图片来源/学生作业

设计者：李浩然
西安建筑科技大学城乡规划专业 1503 班
2016 年 9 月 / 本科二年级第一学期

怡红院 | The House of Baoyu

《红楼梦》中所描述的贾宝玉的怡红院，建筑空间复杂，变化及层次较多。该生通过“板片”弯折的空间语言，在平面和剖面上都创造了较高的空间复杂性，并通过“芭蕉”和“海棠”两种重要植被的介入，丰富庭院的环境，呼应了原著对于贾宝玉怡红院建筑空间品质的描述。

该生通过空间设计的手段，很好地转译了抽象文字中对于怡红院空间场景的描写，并能够通过当代的设计手段塑造丰富的建筑空间去诠释传统文学对于场所描绘的美感。

最终成果表达充分，很好地完成了设计训练的要求。

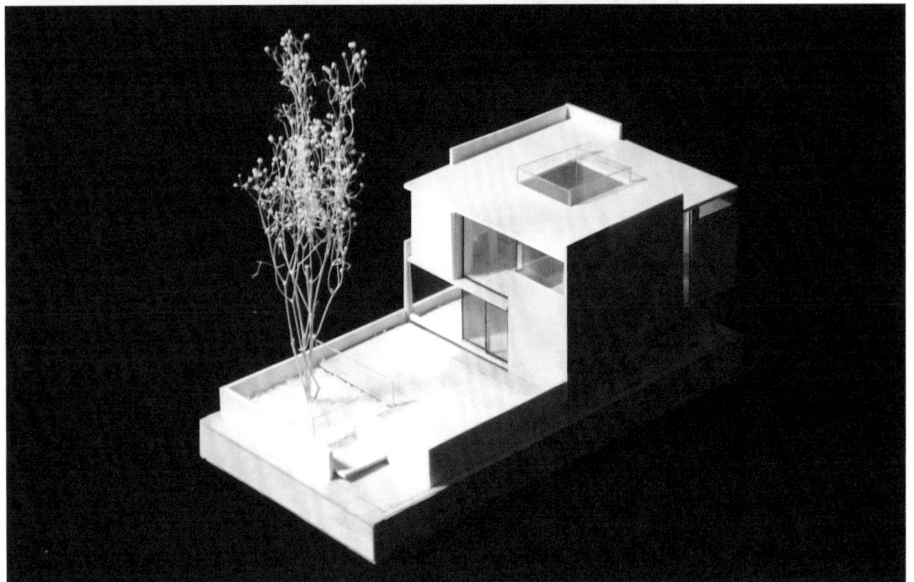

建筑模型

图片来源 /学生作业

轴测图

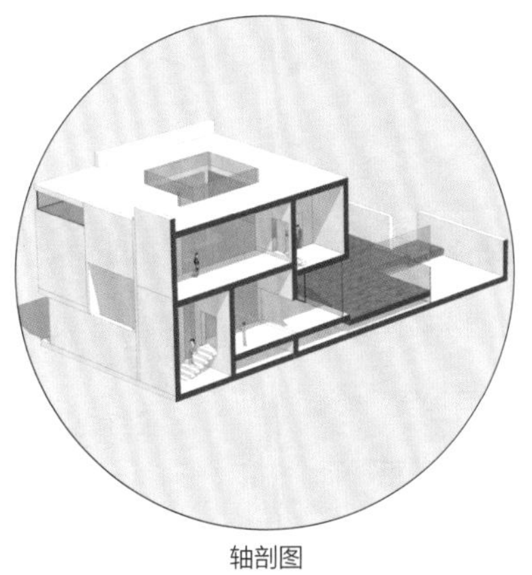

轴剖图

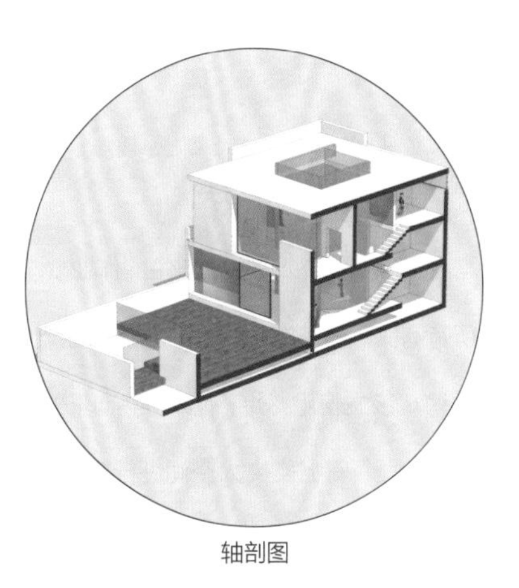

轴剖图

设计者：吴雨浓
西安建筑科技大学城乡规划专业 1503 班
2016 年 9 月 / 本科二年级第一学期

暖香坞 | The House of XiChun

在“大观园”课题中，该生的作业要求为在研读《红楼梦》中所有有关暖香坞的片段后，用现代建筑的语汇再次转译设计暖香坞。该生使用“平行墙”的空间语言，将暖香坞中“琴、棋、书、画”等各类文人空间进行梳理和再造，并形成丰富的建筑公共空间。

在具体操作手法上，该生对于空间语言的选择恰当，推演逻辑清晰，较好地对应了暖香坞的空间特色，

最终成果完整，较好地完成了教案提出的教学要求。

图片来源/学生作业

怡红快绿 | The Story of Red and Green

该生通过阅读《红楼梦》一书中对贾宝玉的性情以及怡红院的场景描述，提取芭蕉、海棠、穿衣镜的三个意向，以及怡红院中扑朔迷离的意境，得出“红香绿玉”的设计概念，进而将一个古典建筑用现代建筑的语言表现。

通过体块的掏挖，完成空间的基本形态，同时采用平行墙的形式分隔内部空间，并插入玻璃幕墙调整造型，赋予空间以功能。在两处对角线院落分别种植芭蕉与海棠，清晰地表达了“怡红快绿”的亦真亦假的气氛。

图片来源 / 学生作业

设计者：王璇
西安建筑科技大学城乡规划专业 1703 班
2018 年 9 月 / 本科二年级第一学期

建筑模型

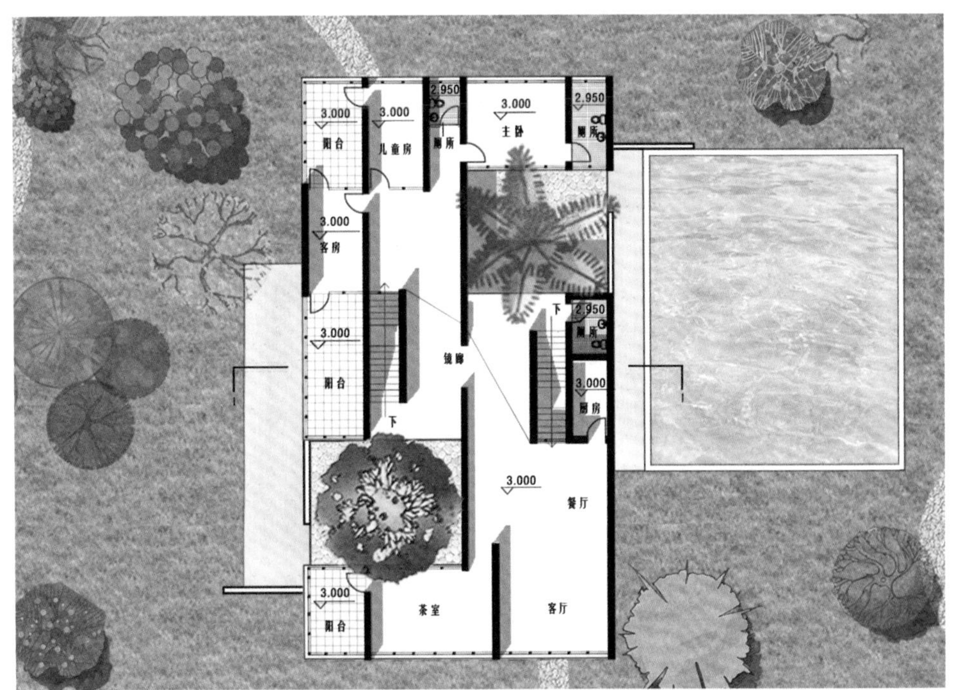

二层平面图

起承转合

室内效果图

图片来源 /学生作业

江山行旅图

图片来源 /中华珍宝馆 .江山行旅图（全色版）. 金 太古遗民 [EB/OL]. [2020-09-11].
http://www.ltfc.net/img/5f085469[illegible]29b6a[illegible]da0a[illegible]

观石六法

自然意境的空间转译

湘石坞 | Water and Stone

该生以太湖石为切入点，对石头进行不同层级的观察与思考。提出了“双生石”的概念，并以此为核心，在各个阶段中都营造了浓浓的爱情氛围。该方案在地面做了一片平静的水面，只留出一个刚好两人宽的空间，与石头对望，爱情油然而生。该方案中并没有明确的流线。学生将各个不同功能的空间盒子随机地插入地下一层，希望给予建筑空间更多的可能性。

图片来源 /学生作业

设计者：冯宇晴
西安建筑科技大学城乡规划专业 1703 班
2018 年 9 月 / 本科二年级第一学期

以拍摄的方式记录太湖石上的颜色、肌理、质感，

充分表达出石头瘦、漏、透、皱的特性。

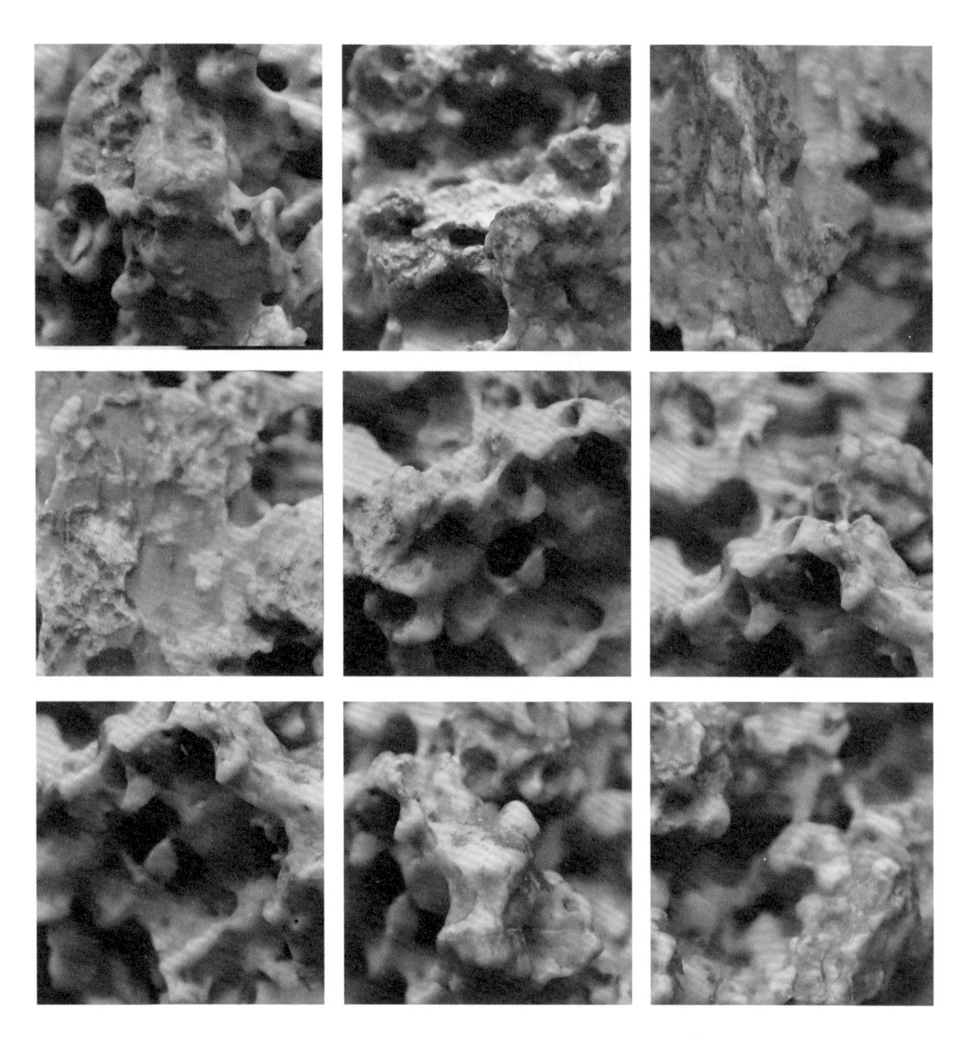

图片来源 /学生作业

素

描

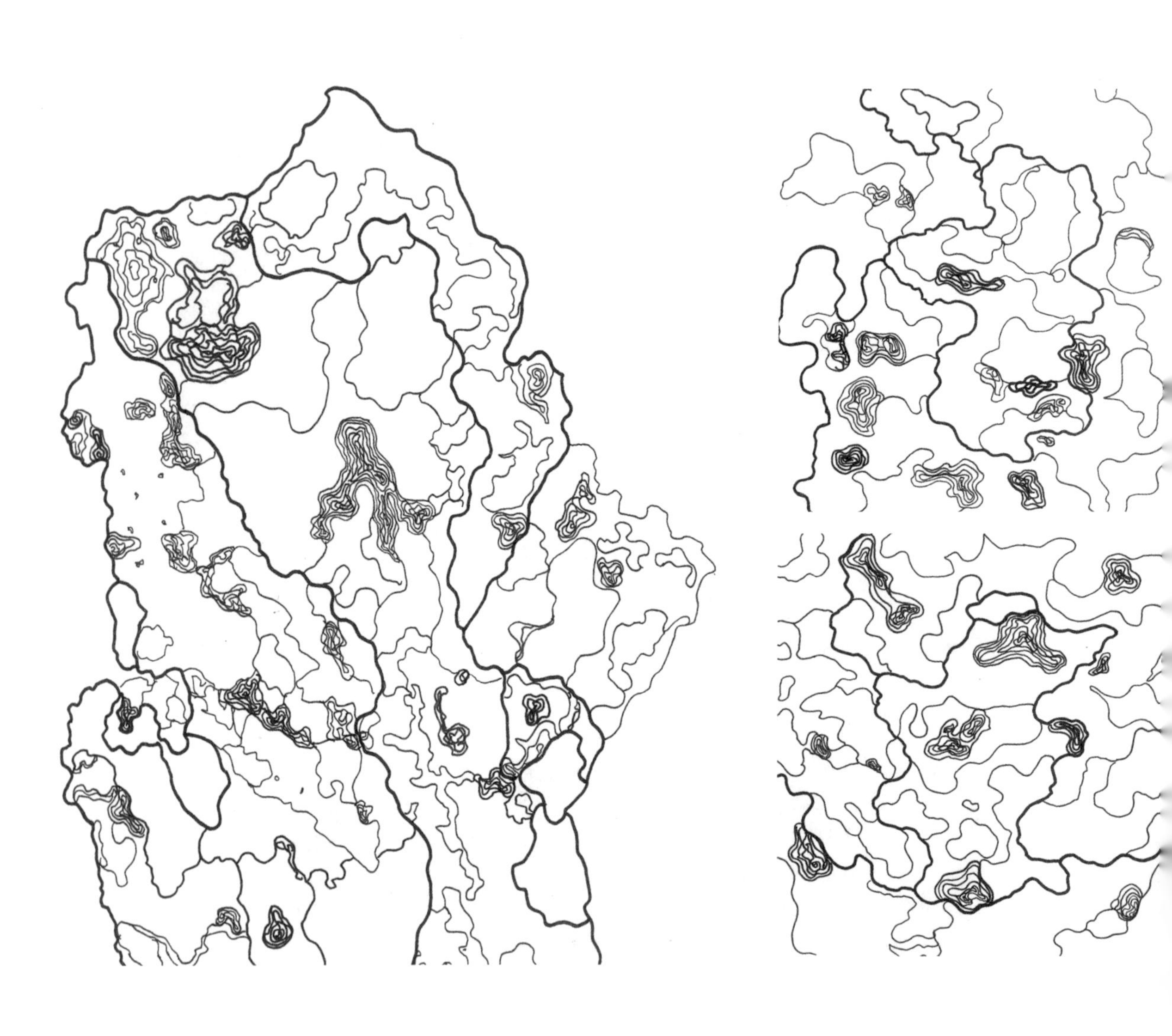

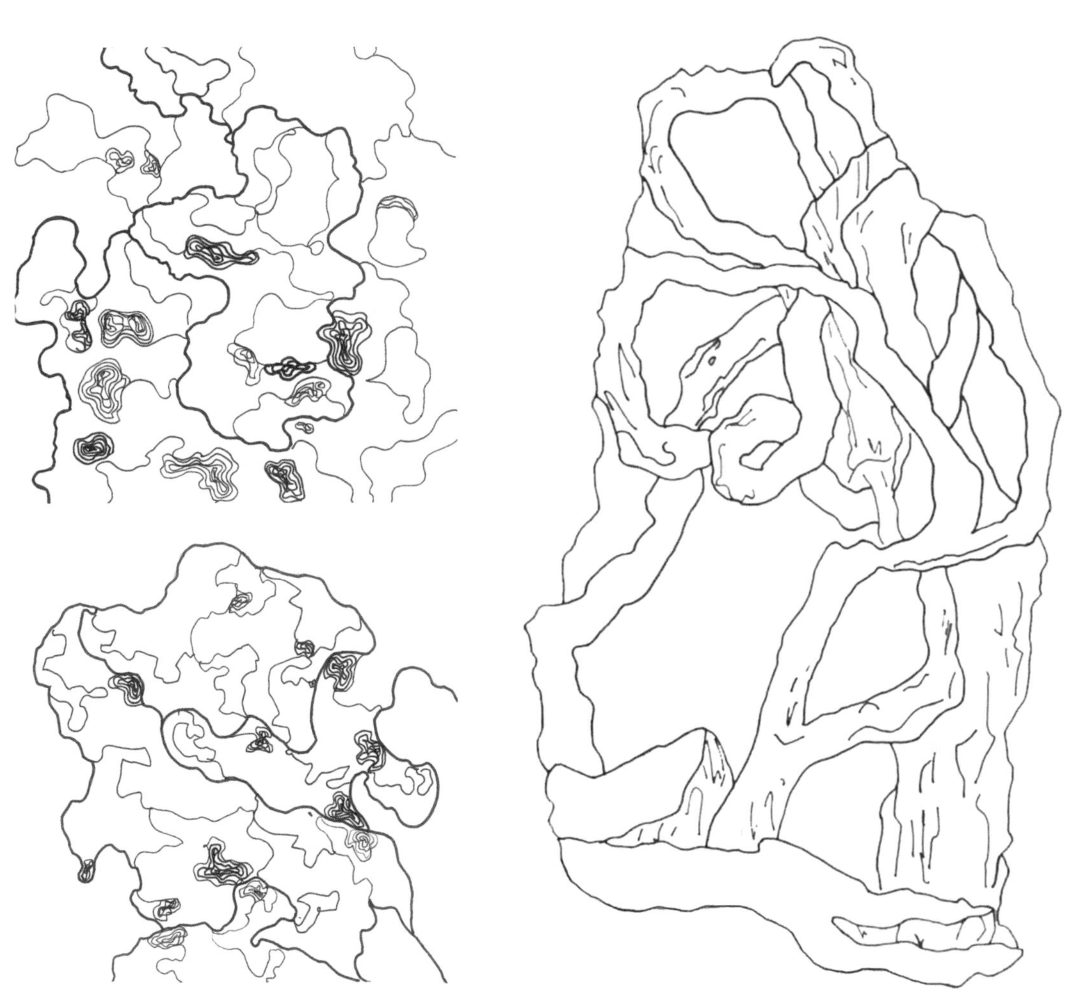

图片来源/学生作业

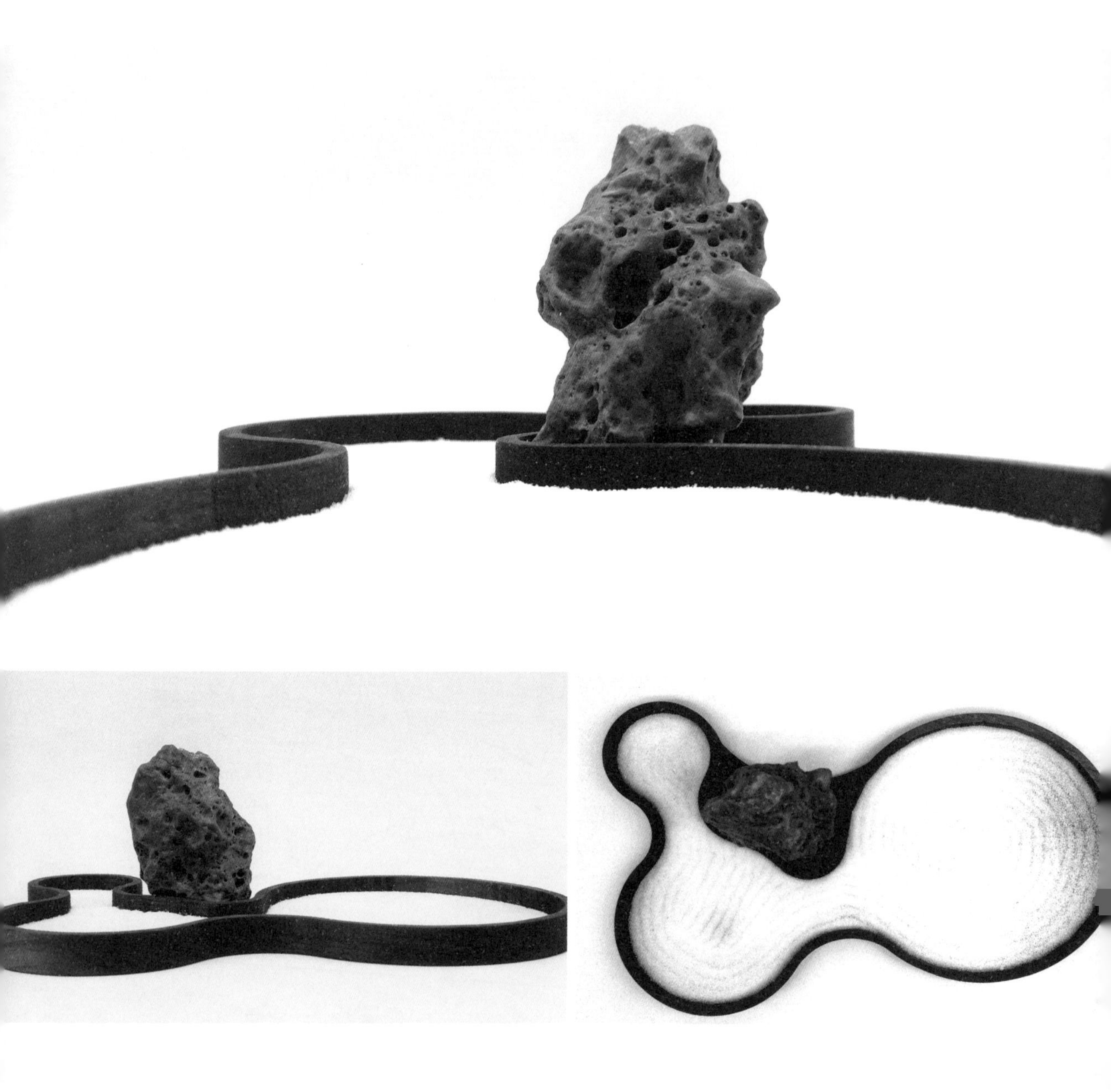

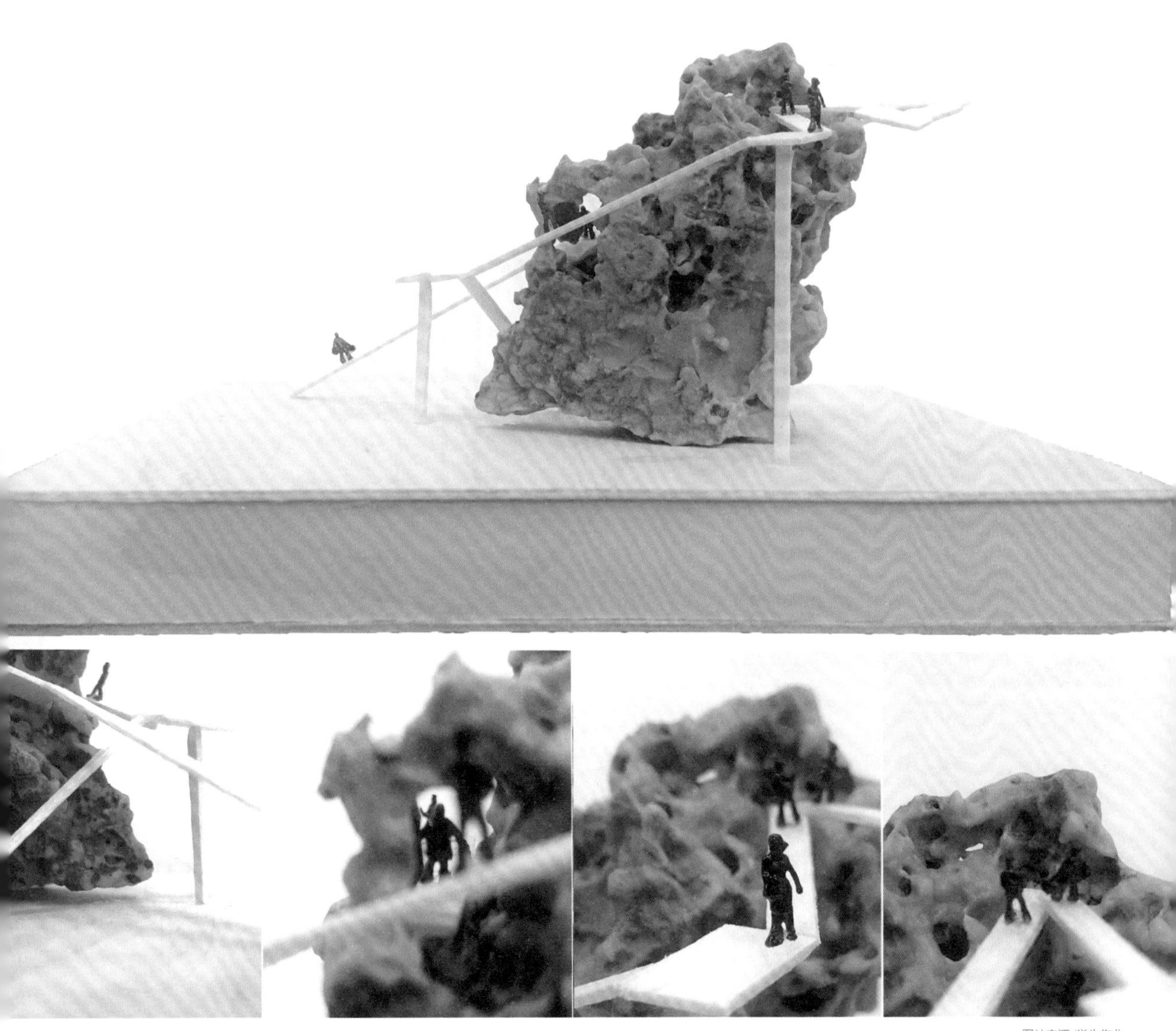

图片来源/学生作业

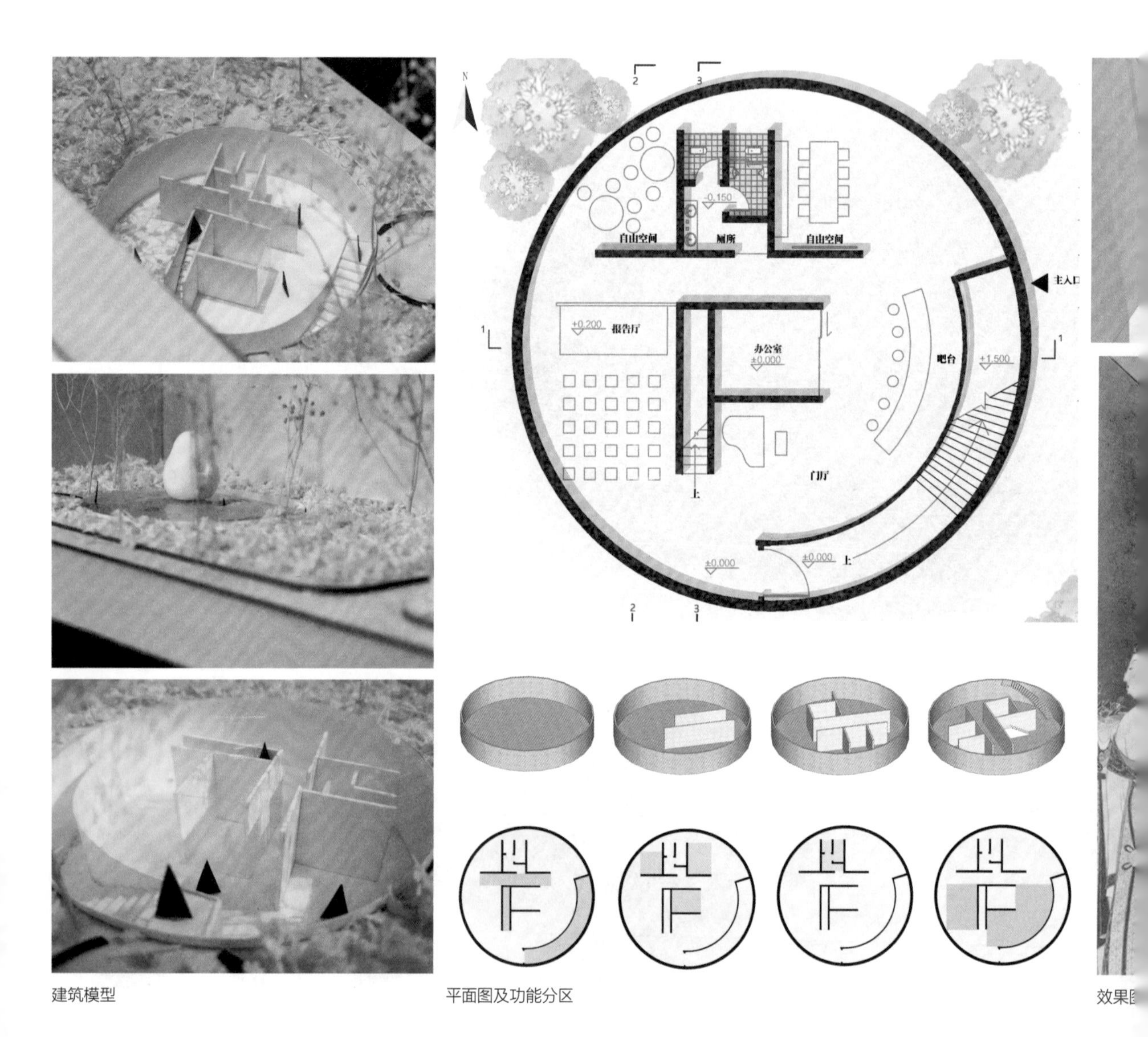

建筑模型

平面图及功能分区

效果图

图片来源 /学生作业

有理

一种从城市问题到城市空间的过程

城市空间设计教学

01. 方 法 | Method
02. 安 排 | Calendar
03. 过 程 | Process
04. 习 作 | Work

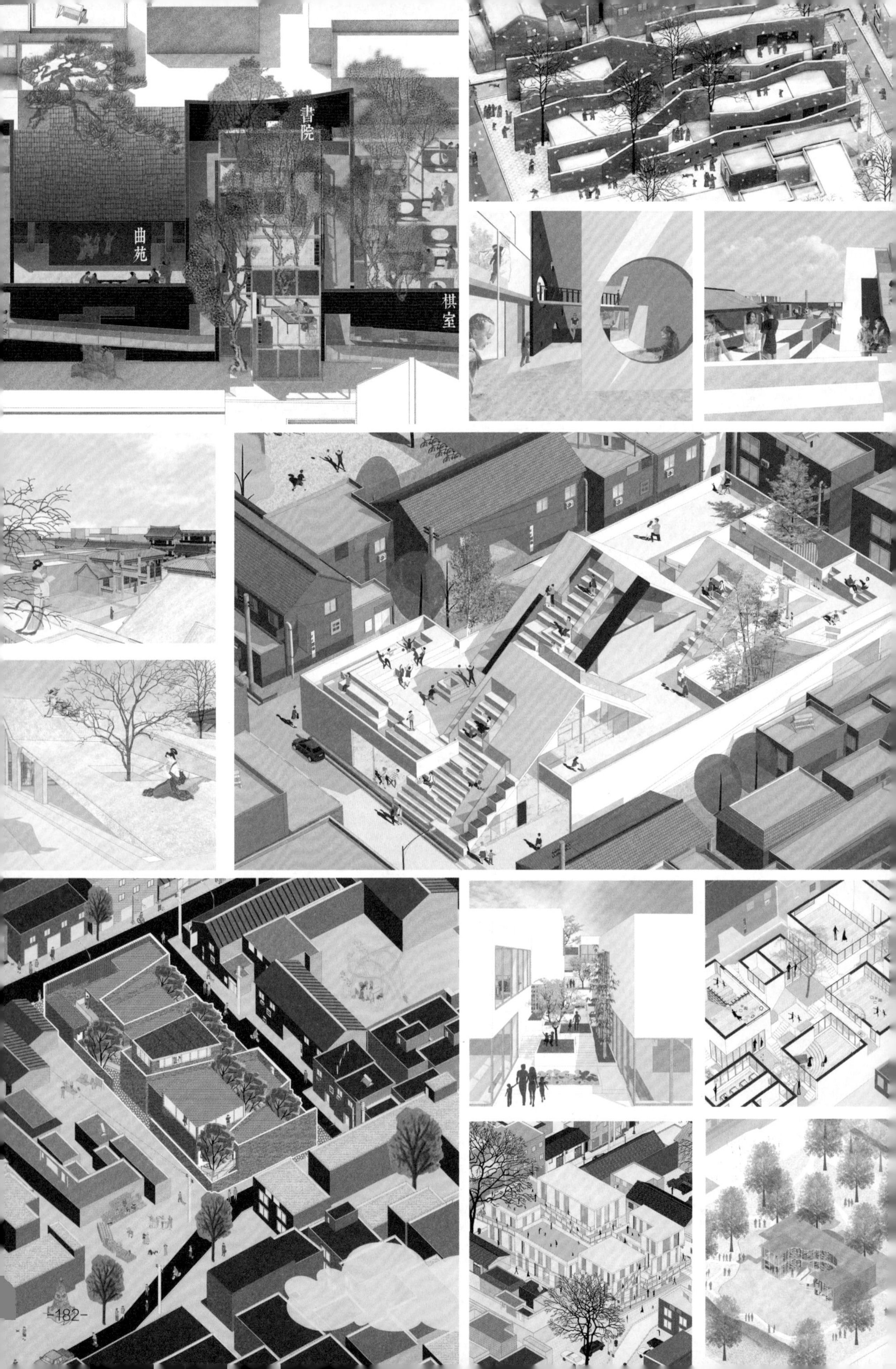
書院
曲苑
棋室

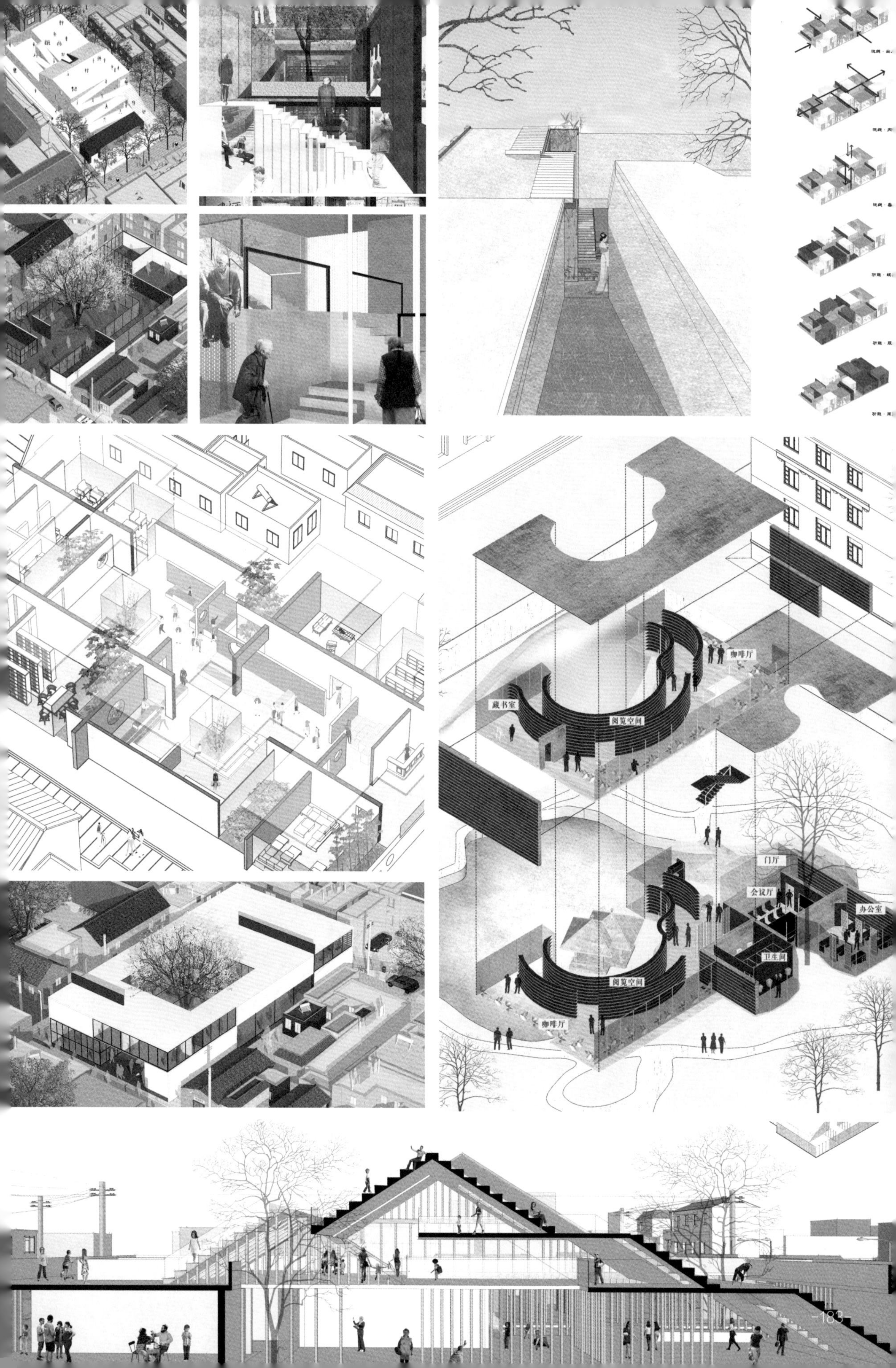
咖啡厅
藏书室
阅览空间
门厅
会议厅
办公室
卫生间
阅览空间
咖啡厅

如何让学生理解复杂的规划思维？

如何向学生展现规划思维的魅力？

如何培养有温度有格局的城市空间工作者？

如何为学生建立从城市问题到城市空间的研究路径？

我们能做什么？

一种从城市问题到城市空间的过程

在“有境——空间设计训练”中，我们集中探讨了空间设计的基本语汇、原则和方法，在“有情——空间情绪塑造练习”中，我们又讨论了抽象的情感向具体的空间进行转译的方式。然而需要明确的是：“有境——空间设计训练”和“有情——空间情绪塑造练习”只能被看作空间设计方法和情感的空间转译方式的针对性设计训练课题，并非绝对真实和完整的设计题目。空间设计的方式只是手段，情感的空间转译也只是一种能力。那么，在真实的设计课题中，当一个空间工作者面对真实而复杂的城市环境、人的问题时，空间设计的起点究竟是什么？我们在面对城市时，当我们进行空间设计创作时，我们选择设计手段的原则是什么？我们应该进行转译的空间情感从何而来？或者说，我们应该如何进行设计的全面思考，这是“有理——城市空间设计教学”阶段关注的内容。

追溯人类最早创造的空间，我们可以以哥贝克力石阵为例，文明伊始之时，人类是如何进行生活，他们的劳动技能已经达到怎样的程度才能创造出如此震撼人心的建筑？他们一定有居住生活的空间、防御空间，可能还有安葬死者的空间，可以肯定的是，他们已经有了祭祀性质或者纪念性质的神性空间——石阵来祈求上天的庇佑。在新石器时代的黄河流域的半坡，这时人们已经开始了耕种和圈养牲畜，产生了农业生产空间。随着人类生产力水平的不断提高，聚落逐渐复杂，人类生活渐渐增加了商品交易，于是出现了城市。城市逐渐发展，居住、商业、工业生产的需求交织其中，形成丰富多彩的功能空间，他们之间的关系也越来越复杂。这一切的起点都是人类活动的需求。

所以我们在讨论城市空间和城市中建筑空间的时候，要回归人的活动。人的活动决定了空间的形成，空间的状态也会反向影响人的活动。

这就是“有理——城市空间设计教学”课程产生的背景。我们试图通过城市空间研究和人的行为研究两个视角出发，探寻解决城市问题的空间设计线索，将“自上而下”与“自下而上”认知视角相结合，制定“翔实调查，发现问题”—“理性研究，分析问题”—“情感与空间赋予，解决问题”的设计流程。通过在一个规定周期内进入一个真实城市环境，分析一个真实问题，接触一个真实的人居群体，完成一个完整建筑设计，让学生建立研究与设计的联动意识，培养学生运用更复杂的城市思维去面对城市、面对生活、面对设计。

发现问题

分析问题

我们进一步走近书院门及东木头市内的江湖豪杰，
运用问卷、采访等方式加深对他们的了解，
得到了一份书院门及东木头市内江湖豪杰的总体情况，
即为这一份书院门及东木头市豪杰总录。

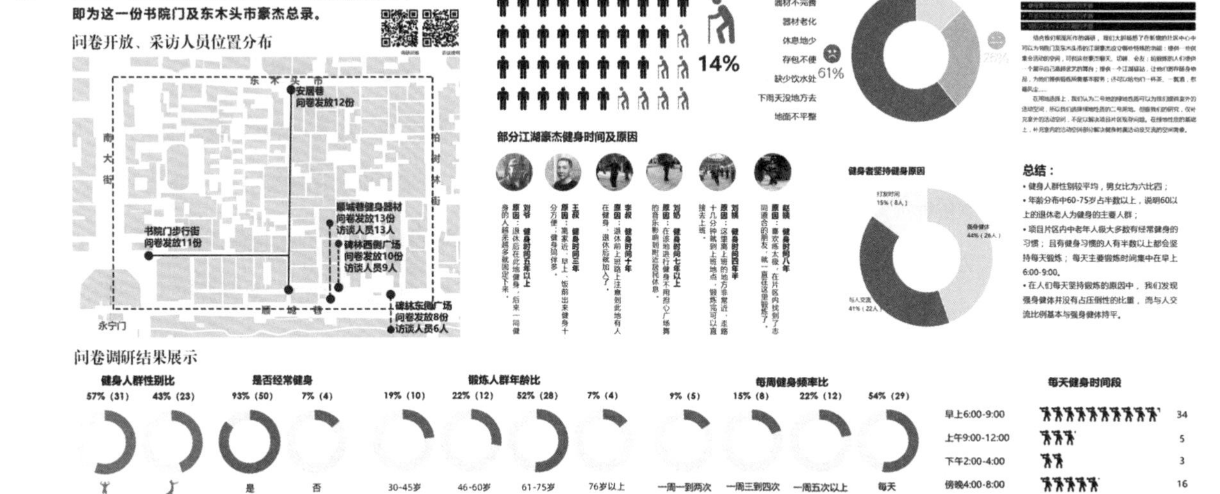

解决问题

“三步骤”示意图 图片来源/学生作业

1　理解城市空间的三个维度

城市空间与城市生活具备极高的复杂性。站在空间设计的立场，我们认为，城市与城市生活是“场所”的集合体，并引导学生从三个维度进行启蒙：其一是作为行为主体维度的人；其二是作为客体维度的空间；其三是作为变化维度的时间。这三个维度也是“场所”的重要组成部分。人的活动催生了各式各样的空间，然后经过时间长久的锤炼，形成各具意义的场所。场所能够凝聚人的活动并成为某种精神时，便产生了场所精神乃至文化。城市可以看作场所的集合体，其中人和人的生活、行为是最初的起点，也是最终的目的。而空间只是生活和行为的容器，时间则是生活和行为在空间里留下的长久的痕迹，它与行为共同组成检验空间的标准。所以，站在空间设计者的视角上，在对城市进行审视时，应将人的生活和行为置于研究的主体位置上，将它作为空间的形成理由和时间演变的推动力。

1.1　人——主体维度

我们主张在城市研究工作中，将对于人和人的生活行为的观察、记录、分析放在第一位。并对行为的群体性特征和个体性特征进行区分。并要求学生在探索人的行为需求时，尽量保持第三方的视角，既重视人们对于生活方式和环境要求的主观表达，更注重从生活现象出发，探寻行为背后的底层逻辑，从行为方式的客观呈现中寻找城市空间的问题，提升生活品质的最佳空间路径。

1）行为方式的群体性和个体性

行为方式的群体性是指具备某一共同特征的人群所表现出的行为方式的类似性。如同一年龄阶段、同一性别、同一职业等。它能较为直观地反映城市空间对不同类型人群行为的客观影响，以及各类型人群行为对城市空间的使用情况的主观评价。可通过问卷法、观察法和统计法获得相应的行为研究数据。行为方式的个体性是指以个人、家庭等为单位的行为个体在城市空间中的行为方式的特殊性。它能最大限度地反映微观行为对于城市空间的认知和隐藏的诉求，对于行为方式的群体性研究有着很大的补充、验证意义。

2）行为需求的主观表达和客观呈现

作为行为主体的人对于城市空间与生活品质的要求主要通过两种渠道外显。第一种渠道是主观表达。即在调查研究的过程中，人们对城市空间意见和建议的直接表达。这种主观的表达对于空间设计来说具有极强的针对性，然而，它的结论会受限于人们个体视角的不全面和对城市问题理解的不完整而产生局限性。所以作为第二种渠道——行为需求的客观呈现就显得更具真实的参考性。行为需求的客观呈现是指调查者通过对个体和群体的人的行为进行跟踪、记录、分析，获取空间与行为的矛盾，找寻到的空间优化的途径。在进行行为方式的研究时，应尽量保持第三方的视角。

1.2 空间——客体维度

空间作为生活的背景，是承载人们日常行为的容器。空间问题可以最直观地阐释人们行为的逻辑和物质结局。城市语境下的空间研究，应该是整体的和系统的。应该在更完整的视角下审视空间的形成的内部生成动力和外部影响要素。所以，我们建议学生从空间研究的层级和空间的类型研究两个方面对城市空间进行审视和分析。

1）空间研究的层级

再微小的城市现象和城市问题都不是由某个具体空间自身的内部矛盾引发的。对于城市空间的研究应从更加完整的城市视角进行剖析。因此，确定空间研究的层级，以及各层级空间的研究范围边界，是进行城市空间调查分析的首要任务。我们建议将城市空间研究的层级分为:其一，影响范围——影响用地的最大空间范围（可为世界、国家、区域、省份等），由不同性质的城市问题和城市用地决定，这是对于空间层级研究首先要作出的判断；其二，城市范围——课题所处的城市，从中理解城市的职能与特色及其对于所研究用地或问题的影响；其三，城市片区范围——课题所处的城市片区，从中理解该城市片区的空间及功能结构；其四，研究范围——课题所处的最小且完整的城市空间单元，从中理解该城市单元的空间结构、功能结构、生活行为、城市问题；其五，设计范围——课题的用地范围，分析研究课题中呈现的空间问题、生活问题及城市问题。

2）空间的类型研究

对空间进行类型研究的方式有很多种，在我们的教学过程中，为了让初学者更容易理解人、行为、空间、场所之间的关系，我们建议在进行城市研究时，着重关注空间的功能类型和形态类型。这是对城市空间进行客观描述时最基本的两种类型。在进行空间的功能类型的研究时，应关注人的生活行为组织和城市空间功能组织的互动关系与矛盾，从而寻找功能优化的可能性。在进行空间的形态类型的研究时，应关注人在不同形态的空间中的行为模式以及不同形态空间对于行为的影响，并找寻人的行为要求在不同城市空间中的可能性。

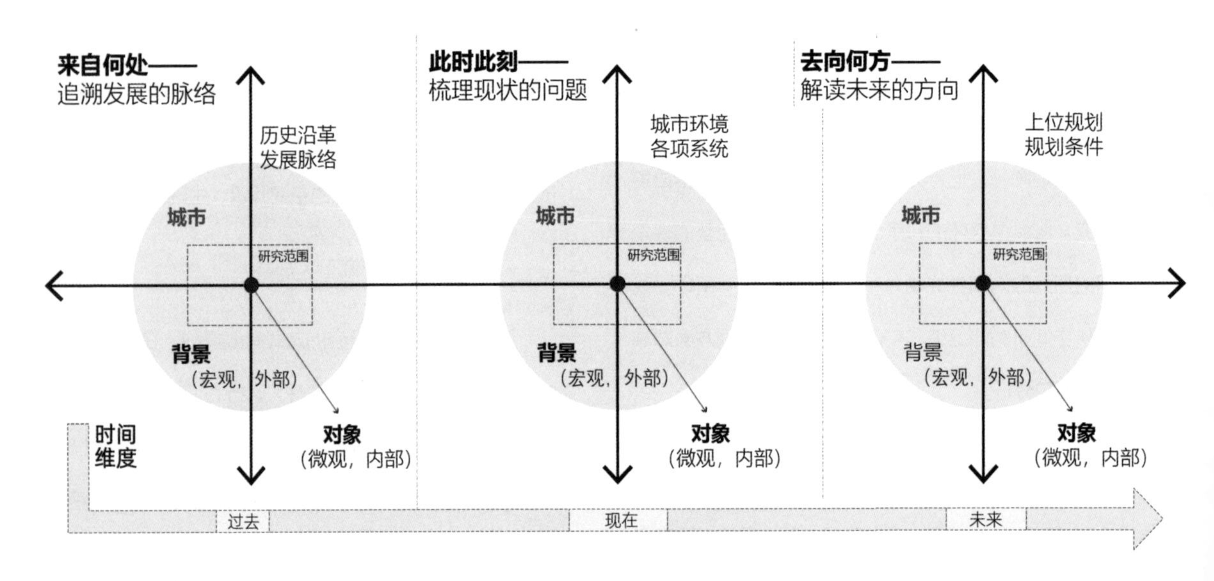

理解城市空间的三个维度

图片来源/作者自绘

1.3　时间——变化维度

在时间长河里，随着行为的打磨冲刷，空间成为了场所，并被逐步赋予了场所感、场所精神、场所意义以及场所文化。站在时间这一变化的维度上对城市进行审视，实际上是在读取城市的基因，梳理城市发展的脉络，找寻城市之所以成为当今状态的理由。对于城市空间设计工作者来说，认识城市空间基因，理解城市空间现状，然后沿着城市特有的方向，推动城市空间向前发展，从而让人们的生活变得更幸福，这就是关注时间维度的意义。

1）关注历史

对于城市空间历史沿革的研究，需要同时关注历史事件的变迁、物质空间的变迁以及历史事件与物质空间变迁的关系这三个维度。关注历史事件的变迁，旨在梳理城市发展的动因；关注物质空间的变迁，是探寻城市空间现状的成因；而在历史的演进中，找寻重要的、引起物质空间显著变化的时间点，对应研究城市空间的变迁，可以更有效、更有深度地了解城市空间现状的成因。在教学中，我们鼓励学生用此方式研究城市空间，追问城市历经的往事和走过的路途，从而理解城市空间形成的原因及其特色。

2）关注现状

“现状”是时间这一变化的维度中最为重要的站点。它是我们所生活的时刻，也是历史和未来交汇的时刻。现状是我们最为熟悉的时刻，在“空间——客体维度”这一节中，我们阐明了研究现状城市空间应该关注的问题。它揭示了历史变迁最终的结局和城市空间未来发展的起点。所以，我们注重对现状问题的整理，建筑、街道、公共空间会用自身的方式发声，讲述城市的秘密。

3）关注未来

城市未来的可能性蕴藏在历史和现状之中。城市工作者要以空间的方式帮助城市找到属于自己的未来。同时，有很多相关的城市工作也为城市工作者表述着城市未来的可能性，对于这些工作资料的收集工作同样是极其重要的，如城市的相关政策、城市的相关规划工作（总体规划、分区规划、控制性详细规划、修建性详细规划）以及地段的相关设计工作（如城市设计、建筑设计等）等，对于政策、上位规划、相关设计工作的梳理可以帮助我们更好地把握城市空间未来发展的方向。

2 研究城市空间问题的两种视角——“自上而下”与“自下而上”

面对低年级学生的城市研究意识的启蒙，应该侧重从思维方式的培养入手，让学生正视自己的思维规律，进行有针对性、有方法论的思考。

人的认知是由理性和感性构成的，理性的思维方式一般偏向于对事物内在逻辑和外在影响因素的分析，感性的思维方式则表达为对于行为和事件的共情能力。理性的分析和感性的认知同样重要，理性思考的方式更加可靠，而感性的方式更具有温度。

在城市空间研究中，“自上而下”的研究方式是指从宏观至微观，从外部至内部，整体地、系统地、动态地对城市空间相关问题进行研究的方法，更注重以理性思维为基础，感性思维辅助。而“自下而上”的研究方式是指，从微观个体和具体现象出发，逐步发掘行为和现象之上的空间和行为逻辑，由简至繁地研究城市问题，更注重以感性思维为起点，将理性思维逐层介入。

首先，“自上而下”与“自下而上”的研究方式各具优势。通过由整体观、系统观、动态观所指引的“自上而下”的研究方式可以更加完善、全面、准确地获得城市空间的全面信息。而从微观个体以及具体现象出发，关注行为、空间、场所的关系，揭示城市空间问题的“自下而上”的研究方式则能对宏观的“自上而下”的研究形成更细节和特征化的补充。

其次，“自上而下”与“自下而上”的研究方式也各有其局限性。“自上而下”的研究方式在方法论层面更加宏观和抽象，注重系统与结构，很难触及具体的人和行为，研究结论容易与现实出现距离。而“自下而上”的研究方式在城市问题更加整体性的把握方面有着一定的缺失，容易以点概面，很难触及城市问题的结构性因果。

所以，我们建议学生在城市研究能力培养的启蒙阶段，认清“自上而下”与“自下而上”的两种研究城市问题的视角和方式的优势与劣势，并使两者相互补充，建立既有格局又有温度的观察和研究视角。

2.1 “自上而下”的研究视角与方式——培养有格局的城市工作者

“自上而下”地对城市问题进行分析，需要遵循整体性、系统性、动态性、综合性的原则。在对城市空间进行研究时，它可以帮助城市工作者更加全面地理解城市问题。

整体性原则是指，要将所关注的城市问题放在更大范围、更复杂、更宏观层面上讨论，把它当作整体城市问题中的一个子课题，可以理解为将城市问题放在空间维度的不同空间层级中进行讨论，从而保障研究结论的全面和准确。

系统性原则是指，在研究过程中，应该将复杂的城市问题进行拆分，从各种不同的城市系统视角对其进行审视、研究、分析，可以理解为将所关注的城市问题切分为功能、道路、公共服务设施、绿化景观、空间结构等不同的系统进行研究，也可以理解为将城市问题放在空间维度的各种空间的功能类型和形态类型中进行讨论，从而使研究的结论更加理性和深入。

动态性原则是指，以变化的视角关注城市问题，关注城市问题和城市空间的变迁及其成因和动因，可以理解为对于城市问题在时间维度上的历史沿革和未来发展可能性的研究，充分理解城市问题的来龙去脉，使研究的结论更加符合城市自身的发展规律，具备更强的科学性。

综合性原则是指，在研究过程中，应针对所关注城市问题进行拓展研究，其中包括所关注城市问题的研究前沿、实践案例，以及围绕城市问题的跨学科的研究等，从而使研究结论更具指导意义。

值得一提的是，城市研究的整体性、系统性和动态性是一个整体，在研究过程中，应该将所关注的城市问题置入时间维度的不同时刻（包括历史沿革研究、现状研究、未来发展研究），并整体性地放眼空间维度的不同层级，然后进行不同功能类型和形态类型的系统性研究，并结合研究前沿的探索和跨学科研究，形成全面、准确、理性、深入以及更符合事物发展规律、更具指导意义的科学性的研究结论。

在教学过程中，可将“自上而下”的研究分为以下三方面：

（1）城市研究与现状研究——在时间维度中，关注现状，着眼于影响范围、城市范围、城市片区范围、研究范围、设计范围等不同层次的城市空间单元，在不同功能类型和形态类型的城市系统中对所关注的用地等问题进行分析。并通过更加详细的现状研究工作，找寻所关注的用地问题所产生的城市原因，以及待调整的可能方向。

（2）历史沿革与上位规划研究——在时间维度中，关注历史与未来，总结城市空间在过去、现在、未来的变迁过程中以及重要时间点的结构变化、用地变化及其历史动因和发展要求，找寻所关注用地应起到的作用以及可能发展的方向。

（3）前沿问题研究与跨学科问题研究——为了更好地对研究用地所存在的核心城市问题进行更深入的理解，应对城市空间、城市功能、相关政策、法律法规、规划与设计规范、国内外优秀案例进行前沿问题和跨学科问题的拓展研究。

2.2 “自下而上”的研究视角与方式——培养有温度的城市工作者

在城市研究中，如果“自上而下”的研究过程是指在空间维度上从宏观到微观、从整体到局部、从外部到内部，在时间维度上从变迁与发展到此时此刻的问题，那么，我们可以将“自下而上”的研究过程理解为从关注微观、局部、内部以及此时此刻的问题开始，反向讨论其内涵的宏观、整体、外部和变迁发展的问题。

“自下而上”的研究方式可具有人类学、社会学、环境行为学、考现学、地图术等理论和方法的特征，并无固定的研究格式。在教学中，尤其是面对城市工作的初学者，我们倡导理论学习与实践操作相结合的同时，帮助学生建立最基本的研究范式，引导学生进入“自下而上”的初级研究领域，而在课题的进行过程中，鼓励学生更广泛地实践多种理论方法，让自己的研究具备更独特的视角、更严谨的推导和更有说服力的结论。“自下而上”地对城市问题进行分析，需要尽量遵循客观性原则。

学生主要通过对于城市空间的主体维度——“人”的行为的观察、记录、分析、研究，或对空间中的“物件”所衍生的行为进行拓展研究，确定自己的问题（topic），研究过程如下：

步骤 1：客观观察与感性发问

要求学生在进入场地后，只能通过对人、事、物的客观观察与记录，找寻能够体现地段特征或典型问题的研究对象，并提出针对场地的一个具体问题（topic），在这一过程中，原则上不允许学生与对象发生信息的交流，尽量保持第三方的姿态，

课题基地调研照片　图片来源 / 学生作业

记录和发现主体维度——“人”的行为需求的客观呈现。

步骤 2：细心共处与理性理解

要求学生基于自身寻找的问题（topic），在用地内寻找一个具体和典型的微观个体对象，使用跟踪、访谈、体验的方式，深入理解问题（topic）与行为及需求之间的关系。在这一过程中，教师应要求学生不能使用诱导性和总结性的语言引导研究对象，应尽量从行为自身以及行为需求的“主观表达”中理解问题的成因和动因。

步骤 3：拓展求证与发散研究

要求学生针对问题（topic）以及个体对象扩大研究范围与样本数量，探寻这一特征性问题中的普遍性，并辅以跨学科文献的发散研究，找寻行为背后的城市逻辑，为回归专业本体的城市问题的研究及空间回应奠定基础。

步骤 4：结论推导与方法追寻

通过对于问题（topic）的个体特征研究、群体拓展研究及跨学科研究，根据“自上而下”的研究成果，综合城市问题、空间问题的起源、发展、成因、动因、行为体现等方面的总结与讨论，并开始思考如何通过人居环境的塑造与改进，对城市问题进行空间设计的回应。

设计概念表达——当代艺术展览博物馆：立体院落，光的橱窗

图片来源 /学生作业

3　观念设计

空间设计需要回应城市问题，应当在“自上而下”的城市研究和“自下而上”的行为研究中进行总结。然后，设计师可以通过拟定空间功能构成、编写建筑设计任务书的方式，从功能的维度对这些问题进行优化、补充和完善，作出最终的回应。

接下来，设计师应当如何从空间功能构成（建筑设计任务书）开始，走向建筑设计方案呢？空间品质塑造的原则是什么？方向是什么？目标是什么？“空间语言”应该如何选择？设计方案应该向何处推进？

我们还需要一个串联城市研究所推导的建筑功能要求与具体的建筑空间形象两者之间关系的重要环节——观念设计。

观念设计不仅应当成为设计师进行空间品质塑造的目标，也应是设计师选择空间设计母题的起点。我们将观念设计分成两个方面：其一是设计概念，其二是空间概念。

3.1　设计概念

设计概念是指空间品质塑造的目标和愿景。在空间设计的过程中，设计概念往往作为一种对美好生活场景的向往，是设计师对城市进行深入理解之后，试图通过空间设计的手段对生活进行改变的欲望。它常以语言文字和画面景象的形式浮现在设计师的脑海中。它区别于运用功能的补充和优化对城市问题的回应，更偏重于在完成功能后，运用空间修辞的手段，提升城市空间的品质，为人们提供更加美好的生活方式。设计概念可以通过以下两种方式进行思考与阐释。

1) 直接阐释——空间愿景

可以通过语言文字和画面景象对设计概念所期望达到的空间景象进行直接描述。

我们的建议，语言文字应尽量使用名词对场所精神、空间氛围进行朴实、准确、具体的描述。而画面景象应针对尺度、向量、光影、环境、氛围等空间品质塑造的影响要素，进行富

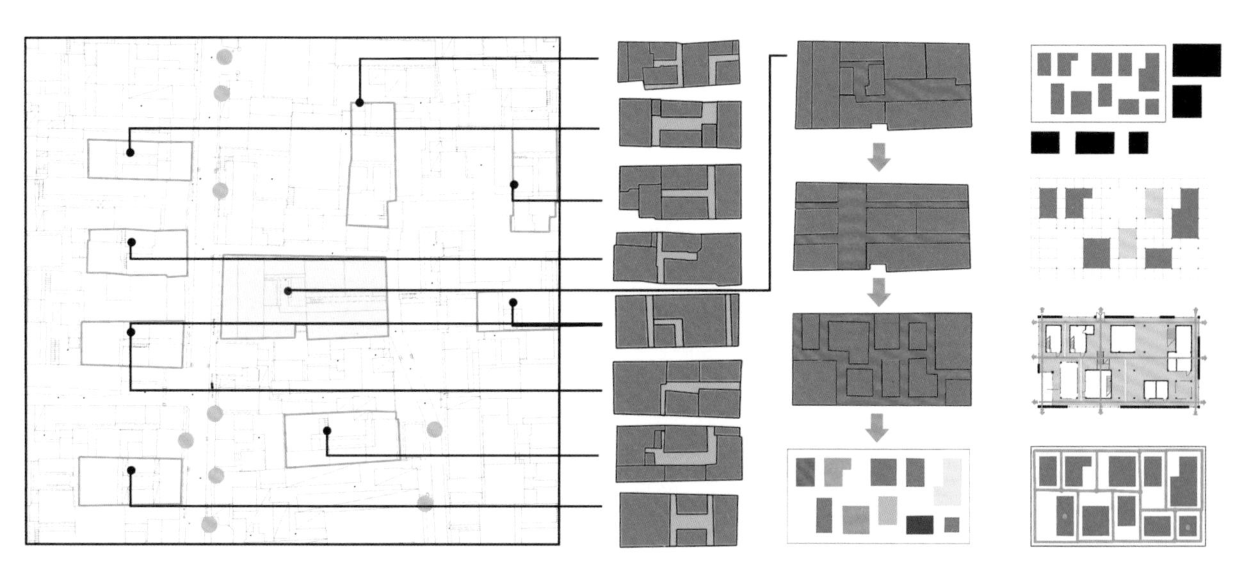

空间概念表达

图片来源/学生作业

有场景感的描绘。

通过抽象的语言和具象的画面，将设计概念可视化、场景化、建筑空间化，以明确之后建筑空间品质塑造的目标。

2）间接阐释——空间侧写

侧写（profile，也译为剖绘），常用于犯罪心理学与刑侦学。是指在犯罪嫌疑人或受害人身份不明的情况下，对其形象、性格、性别、年龄、职业等特征进行归纳描述的方法。

可以将空间侧写理解为借用各种已有的建筑设计案例、城市场景照片、电影画面、绘画作品、文学作品等形式对空间未来景象的拼贴式的间接描述。设计师可以将设计概念中的目标和愿景进行拆分思考，对空间与光、空间与声音、空间与色彩、空间与材料、空间与尺度、空间与环境、空间与行为、空间与心理等各个方面分别进行侧写，然后以拼贴的方式进行总结和归纳，逐步明确设计概念与目标。

如何将设计概念的场景想象建筑化，完成情感向空间的转译，在本书“有情——空间情绪塑造练习”课题中有详细的说明。

3.2 空间概念

空间概念是指在设计概念的指导下，应该选择何种空间设计语言作为具体设计的起点。一方面，空间概念受到设计概念的指导，应当尽可能选择最贴合空间未来场景塑造的设计语言与语言方式，并选择空间布局和空间结构的方法。另一方面，空间概念也应当对城市空间现状作出回应。最终的空间设计方案应当符合城市文脉，对用地环境中在场的建筑有着充分的尊重。

因此，在满足设计概念和照应城市空间现状之间找到一个最恰当的空间设计语言，并以此为起点展开设计，是空间概念存在的重要意义。

将空间概念形成的空间语言进行逻辑推演最终完成建筑设计的方法，在本书“有境——空间设计训练”课题中有详细的说明。

4 课程简介

本阶段课程以学生认知规律为线索，培养以城市为视角的研究思维，启蒙以情感价值为基础的设计伦理，让学生认识到建筑设计是从对城市、环境、人的研究开始，并以空间作为最终回应的。课程引导学生以一个具体的“城市问题”为起点，展开“发现问题—分析问题—解决问题”的教学过程。教师将专业设计的知识点贯穿其中，与学生一同体验建筑设计的全部过程。本课程试图指导学生从全面庞杂的信息中理清建筑设计的相关线索，层层深入，提出策略，并运用“有情”和“有境”两个环节的空间设计技能，最终完成建筑设计方案。

本课程选择西安市书院门地段作为研究对象，西安书院门地段南邻明清西安城城墙及永宁门、文昌门，西邻南大街，北邻东木头市、骡马市，东邻柏树林大街，与三学街历史街区部分重合。地段内历史文化积淀深厚，包含关中书院、碑林博物馆等文化遗产，同时也拥有典型的传统社区——东木头市社区。该社区保存着良好的传统城市空间肌理以及温馨、朴素、富有文化内涵的生活方式，但也存在居住生活品质较低、公共活动空间匮乏的情况。

本课程的教学过程分为三个部分：

（1）“自上而下”的城市研究阶段。本阶段学生将从宏观至微观视角，充分理解用地内城市问题的系统性成因和动因。

（2）“自下而上”的对人、行为、场所、现象的研究阶段。本阶段学生将从微观至宏观的视角，找寻用地内城市问题的个体性表征和反应。

（3）观念设计与建筑设计阶段。本阶段学生首先将在综合“自下而上”和“自上而下”的研究结论的基础上，提出空间愿景，完成空间侧写，形成设计概念，并结合城市空间特征形成空间概念；然后，在西安市书院门地段中选择一处用地面积约1000平方米的场地，完成一个建筑面积约1200平方米的建筑设计，运用空间的手法对城市问题进行回应。

本课程作为“情感与空间的启蒙”教学中“有境”“有情”“有理”三个教学阶段的总结性课题，我们试图向学生传达一种设计价值观——建筑空间设计并不是针对空间美学的孤芳自赏，也不能是针对社会问题的夸夸其谈。关注“自上而下”的城市问题，关注“自下而上”的具体生活，使它们相互融合形成一种对于人居环境的理想，并用空间设计的手法作出专业的回应，做一个有格局、有温度、有设计能力的城市空间工作者，在理性严谨地研究和真心诚意地陪伴一方土地以及其上居民的基础上，将自我对于城市的情感进行转化，给出一个空间的“答案”，是我们对于每一个年轻设计师最为殷切的期盼。

研究地段边界

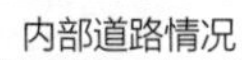

内部道路情况

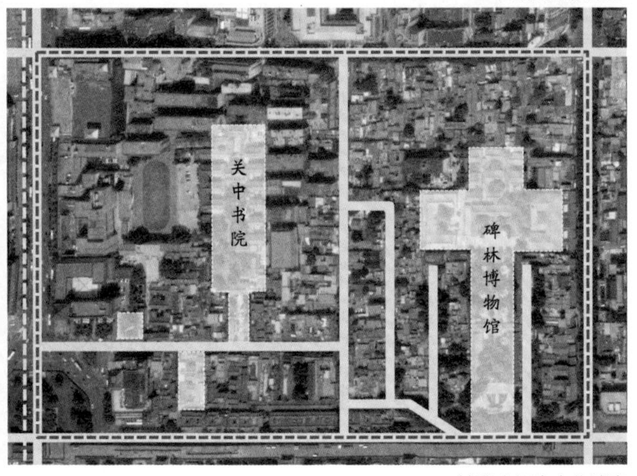

地段内历史文化遗产

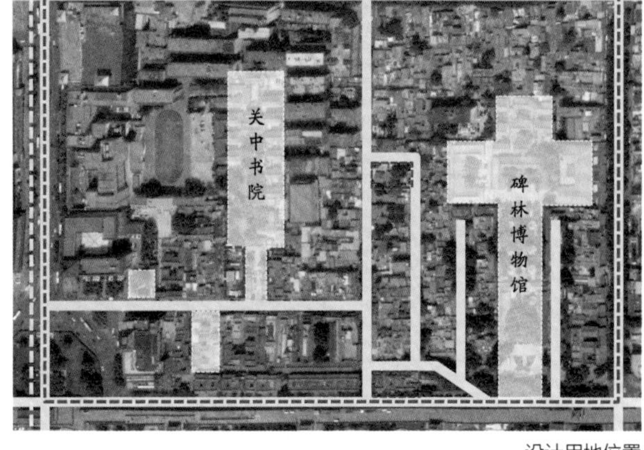

设计用地位置

阶段 /PHASE	课题 /THEME
课题 1."自上而下"的城市研究	在资料收集和现场踏勘的基础上对西安市书院门地段展开"自上而下"的客观、理性、系统的城市调查，寻找设计用地与设计课题应当回应的城市问题。
课题 2."自下而上"的城市研究	针对西安市书院门地段的人群与现象，开展"自下而上"的行为调查，对"自上而下"的城市研究进行微观视角的补充，进一步明确设计用地与设计课题应当回应的城市问题。
课题 3. 观念设计与建筑设计	在"自上而下"与"自下而上"的研究的基础上，明确城市问题解决的方向，明确设计用地内建筑设计任务的定性、定位和定量，并引导学生形成设计任务书，完成观念设计，最终完成建筑设计。

内容 /DETAIL

1. 各层级区位研究与上位规划研究
2. 历史研究
3. 现状研究

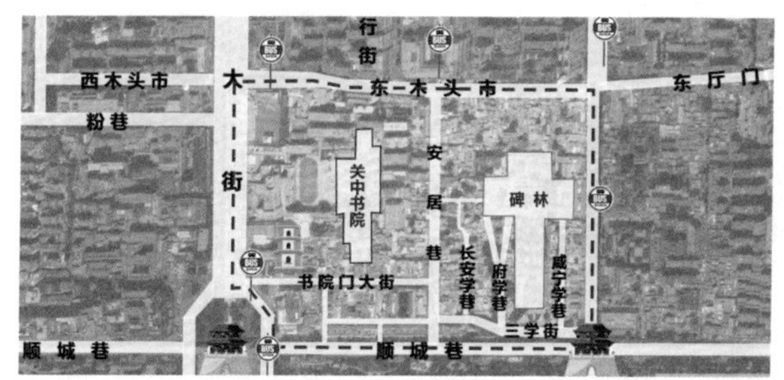

1. 发现与理解
2. 深入探寻
3. 实例拓展

1. 量化功能拟定任务书
2. 观念设计
3. 设计方案推进
4. 内容自洽的设计表达

图片来源 /学生作业

“自上而下”的城市研究

步骤 1：各层级区位研究与上位规划研究

步骤 2：历史研究

步骤 3：现状研究

步骤 1：各层级区位研究与上位规划研究

教学目的主要是培养学生研究城市问题时的整体性思维，逐步形成从宏观到微观、从整体到局部、从外部到内部的思考方式。并将所关注城市地段的城市问题置入各空间层级的城市范围、上位规划的各个系统中进行初步的分析研究。培养学生初步掌握资料调查和城市研究的基本方法。

本阶段教学要求学生在进入现场进行现状踏勘之前，首先应完成相关资料的整理和初步研究。教学过程中教师引导学生将西安市书院门地段及建筑设计范围置入更大范围的空间层级中进行认知和分析，并结合各层级的规划文件的要求，找寻研究对象在不同空间层级中的区位特征与功能角色。主要涉及的空间层级与研究问题有：

（1）城市范围——明城区之于西安市：明城区在西安市总体空间格局中的区位特征与职能定位问题，梳理西安市相关规划中对场地的要求；

（2）研究范围——书院门地段之于明城区：书院门地段在明城区总体空间格局中的区位特征与职能定位问题，梳理明城区相关规划对场地的要求；

（3）设计范围——设计用地之于书院门地段：设计用地在书院门地段的区位特征与职能定位问题，梳理书院门地段相关规划对场地的要求。

通过以上的研究，从城市的整体性角度，明确设计课题的城市要求与规划要求。

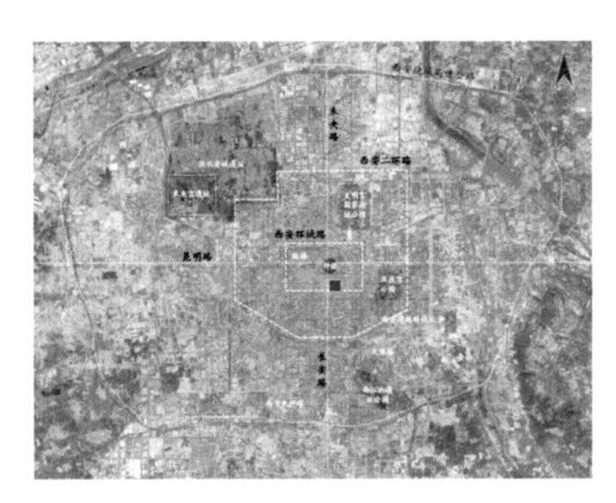

明城区之于西安市

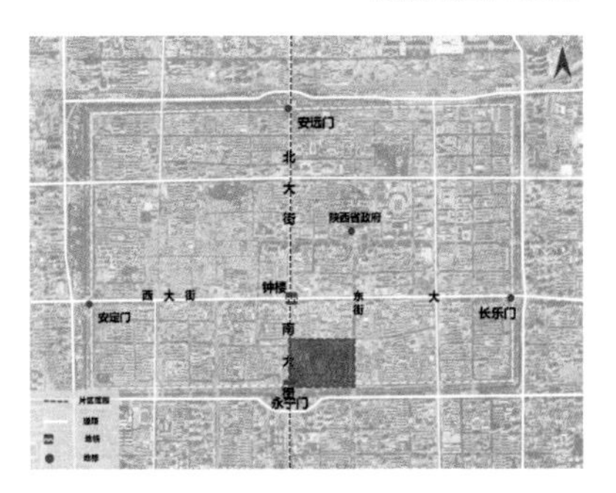

书院门地段之于明城区

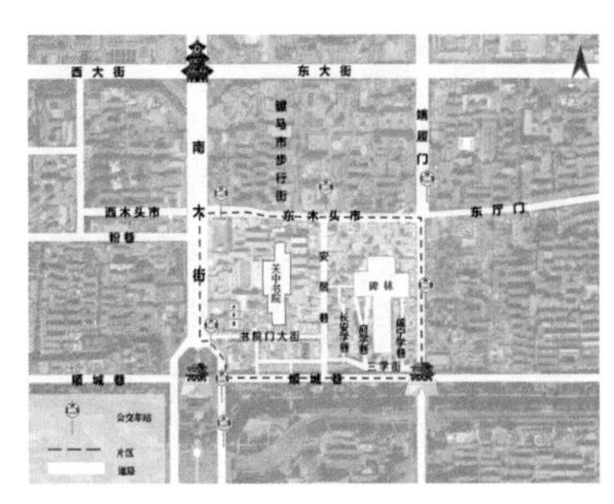

设计用地之于书院门地段

图片来源 /学生作业

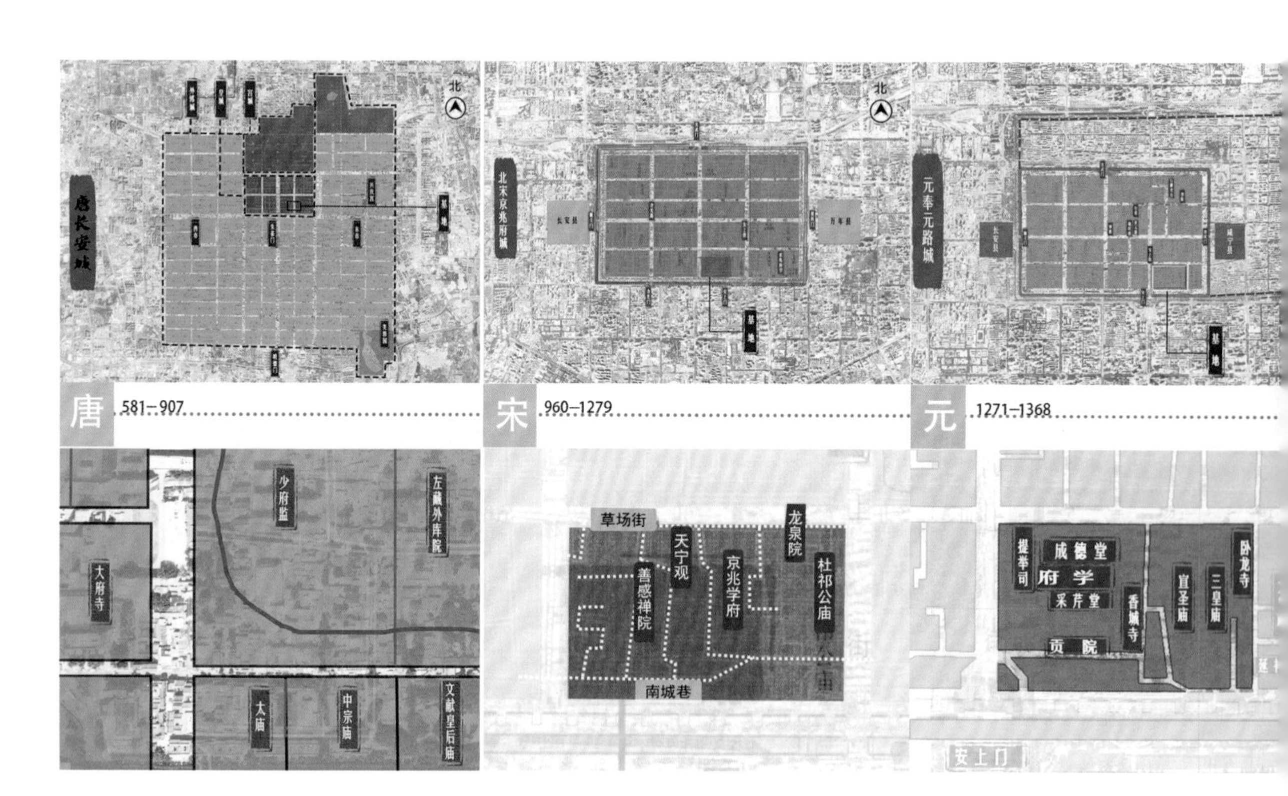

步骤 2：历史研究

教学目的主要是培养学生研究城市问题的动态性思维，以时间为线索站在历史维度看待研究范围与设计范围内现状问题的成因和历史脉络背景，掌握场地历史文脉的分析方法。

教师引导学生透过历史看现状，在历史时间线索中，按照从古至今的逻辑梳理各个历史时期内西安市书院门地段及设计范围内空间格局的形成与演变，结合整体观与系统观思维，从历史背景变迁—西安城市功能与空间格局变迁—书院门地段空间格局变迁——设计范围内的空间变迁的研究顺序，理解西安市书院门地段及设计范围内城市空间形成与演变的脉络。主要关注的问题有：①历史沿革中重要的时间节点所发生的历史事件；②以历史事件为背景的城市功能、空间格局的变迁；③在城市功能与空间的变迁过程中西安市书院门地段及设计范围内城市空间的演变。

通过历史的研究，梳理文脉，找寻所研究问题未来发展的可能性。

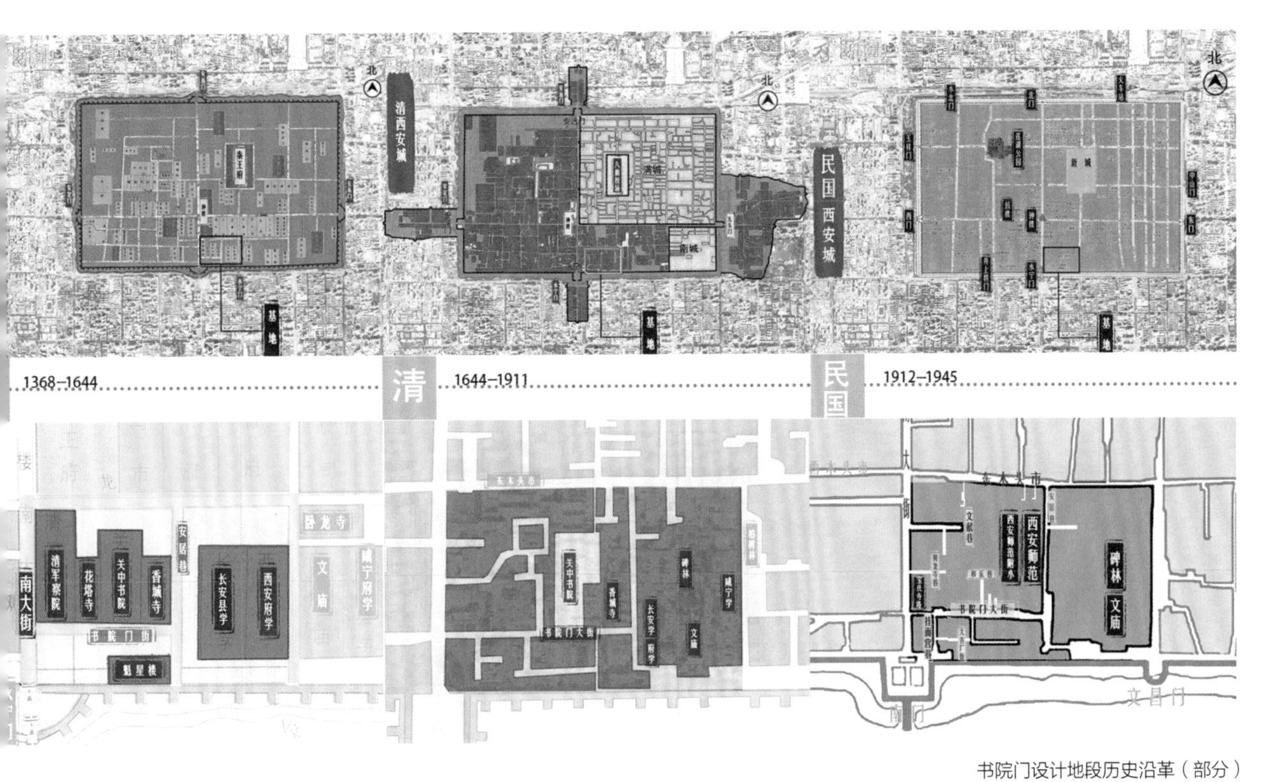

书院门设计地段历史沿革（部分）

图片来源/学生作业

步骤 3：现状研究

教学目的主要是培养学生对于城市问题进行研究的系统性思维，掌握西安市书院门地段及设计范围内城市现状的系统分析方法，掌握相关系统分析图的绘制要点及表达。

完成城市研究、上位规划研究、历史沿革研究工作后，当学生对于场地的城市、历史、规划背景有了充分的熟悉和理解时，本阶段教师将引导学生进行实地调查。具体工作分为以下三个阶段：

（1）以西安市书院门地段内某种要素（如街巷、建筑、人等）作为线索进行用地整体的印象与感知，成果形式以照片和表达场地特征的关键词为主。

（2）引导学生从功能结构、用地性质、街巷格局、公共服务设施、绿化景观、建筑等方面对西安市书院门地段及设计范围内的城市现状进行全面、系统性的调查分析。

教学过程中强调以用地特征与问题为线索进行现状调查，通过系统分析总结西安市书院门地段及设计范围内的城市现状特征与问题，最终目的是找寻恰当的设计功能完成对于用地特征的强调及问题的补强。

通过以上三个阶段的工作，教师应当指导学生从“自上而下”的视角，整体地、系统地、动态地对设计用地和设计课题进行研究，并初步确定用地和课题应当回应的城市问题。

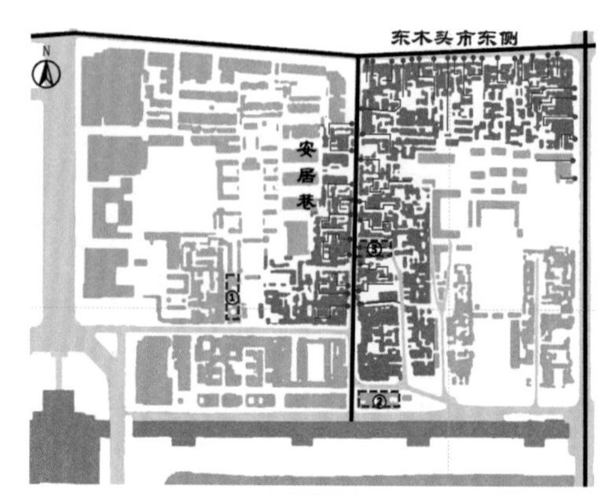

街巷格局

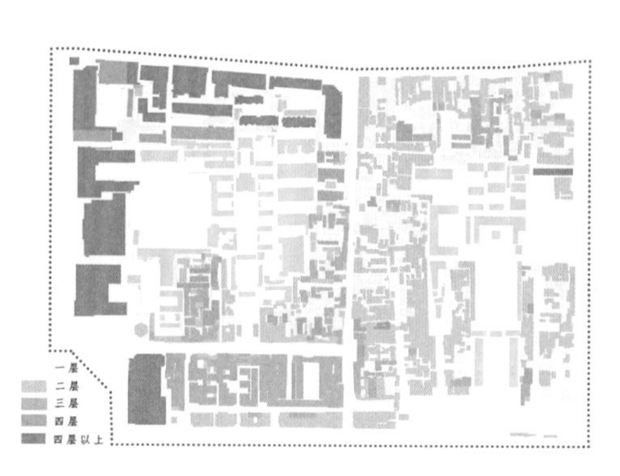

建筑层数

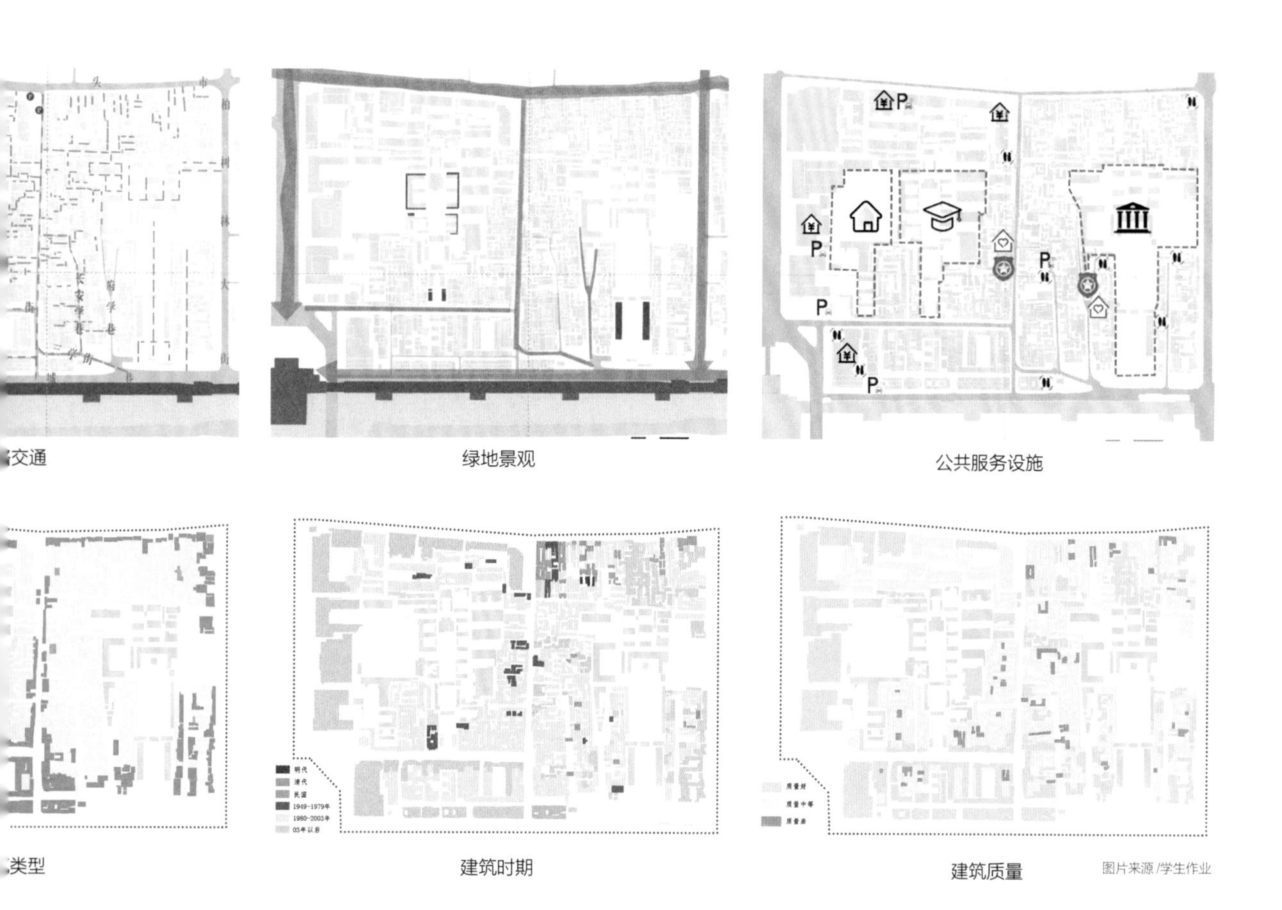

交通　　绿地景观　　公共服务设施

类型　　建筑时期　　建筑质量

图片来源/学生作业

“自下而上”的城市研究

步骤 1：发现与理解

步骤 2：深入探寻

步骤 3：实例拓展

步骤 1：发现与理解

教学目的是使学生掌握一种从微观视角去阅读场地、观察人群、甄别现象的调查方法。

本阶段的教学方法采用实地调查与课堂讨论相结合的方式。教师引导学生以西安市书院门地段内人的行为或物质现象为调研切入点，进行“客观观察—感性发问—细心共处—理性理解”的研究过程，以获取各类人群的行为特征和公共生活现象等，并尝试理解其背后的城市问题的动因。

在本阶段的教学过程中，我们强调发现和研究问题的特征性及公共性，并强调特征性问题和公共性问题在城市、社会、空间、场所等方面的表现。

书院门的小孩与老人

图片来源 /学生拍摄

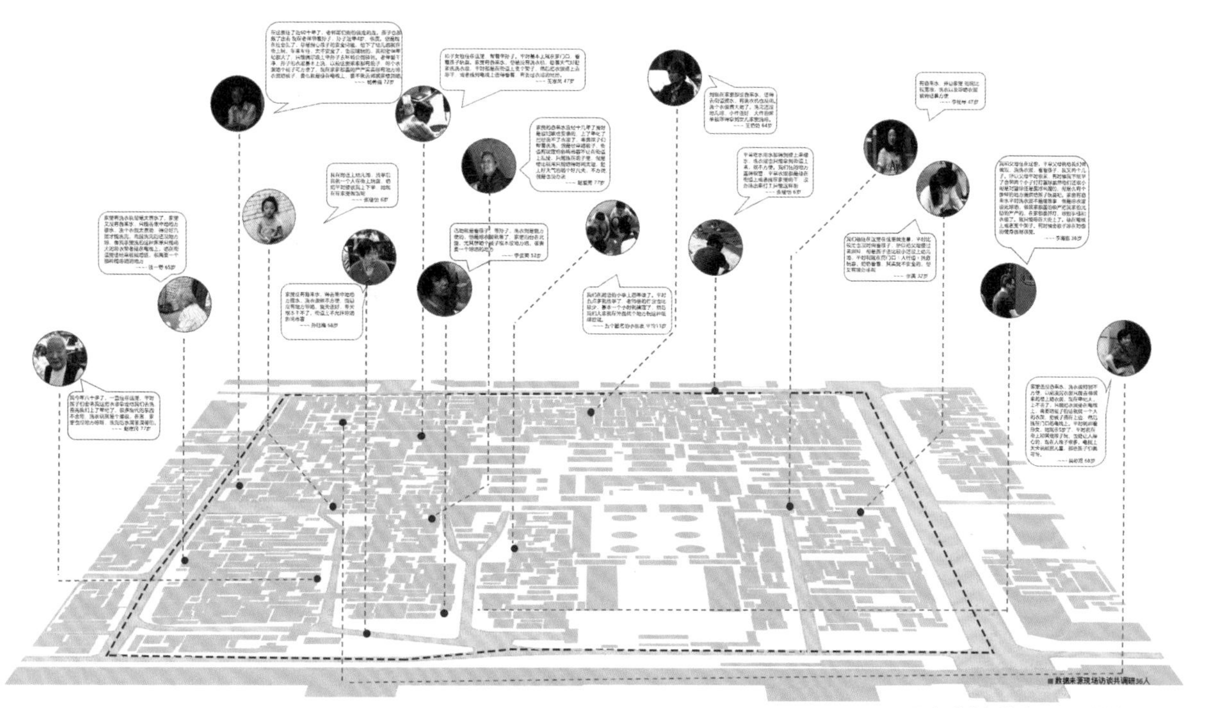

不同人群路径追踪记录　图片来源 /学生作业

茶 顺
烟酒
LA PLUIE D'ÉTÉ

我们鼓励学生用自己的双眼发现城市中的问题，并以此作为空间设计的起点。如此页中，东木头市社区 12 岁以下的儿童违反相关安全规定骑行共享单车进行游戏，反映了社区内公共活动空间和设施的不足。

步骤 2：深入探寻

教学目的是培养学生从现象到本质的分析能力，掌握从现象的认知、记录到对本质问题的分析和研究的基本方法。

本阶段的教学采用实地调查与课堂讨论相结合的方式。教师引导学生围绕问题展开深入细致的观察和访谈，对行为现象的发生地点、时间、频率进行数理统计分析，并对人群进行更大规模的采样和更系统的研究，从中剥离现象背后的本质问题。并通过“自上而下”的相关系统分析和相关领域知识补充研究进行结论的佐证与修正。

教学过程中强调“跟踪—观察—发现—访谈—剖析—探寻—修正—总结”的调查方法与逻辑。针对城市问题的研究，以及地段城市空间与公共生活的现实，对设计课题所需要回应的城市问题作出“自上而下”和“自下而上”的综合性总结。

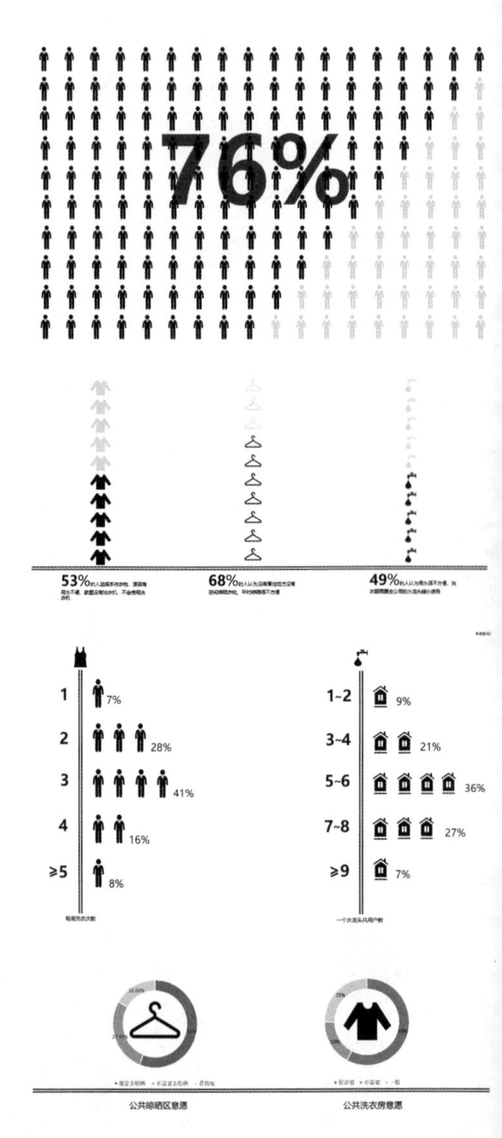

居民“洗衣”相关需求统计图
图片来源 /学生作业

步骤 3：实例拓展

教学目的是在“自上而下”和“自下而上”的城市研究以及对空间设计应当回应的城市问题进行总结的基础上，进行跨学科研究和空间设计的实例研究。

本阶段教学过程中，教师应引导学生从所研究城市问题的跨学科相关领域的调查以及解决类似城市问题的空间设计案例研究两个方面进行进一步的分析，进而对自身设计用地未来功能的定性、定位进行明确。并结合用地所处的城市环境，设定建筑设计的目标、原则、功能。

在跨学科研究中应当注意：①根据所关注城市问题的不同，进行不同领域的跨学科研究，如社会学、心理学、行为学及其他与课题相关的学科等；②研究中应当更多地关注结论与人的行为、生活之间的关系；③注重研究结论与空间的关联性和设计的可实现性。

在进行案例研究的过程中，所选案例应当在背景环境、用地规模、建筑规模、建筑功能上有一定的相似性。案例研究应当进行：①案例建筑的功能任务书研究；②案例建筑的空间语言、空间布局、空间结构研究；③案例建筑的情感价值输出与空间特色塑造研究。

通过上述三个阶段的研究，教师应当引导学生明确自身空间设计应当回应的城市问题，并对回应城市问题的空间手段进行初步设想。

米尚丽 . 休闲书店设计 [EB/OL]. (2015-09-10)[2020-04-23]. http://www.misunly.com/uncategorized/11762.html.

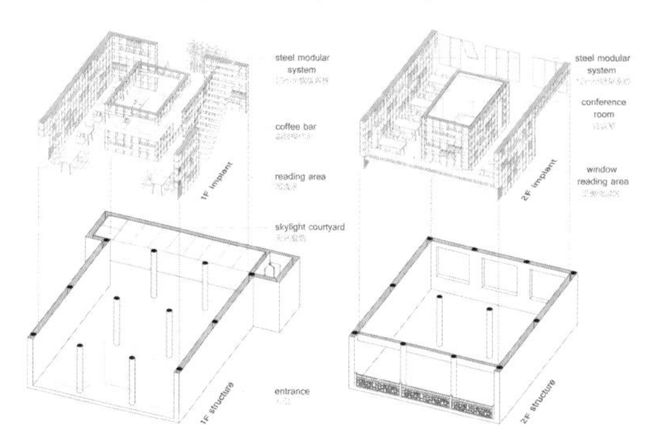

荣宝斋咖啡书屋

韩文强 . 荣宝斋咖啡书屋 [EB/OL]. (2015-08-07) [2020-07-11]. http://odeum.china-designer.com/home/Project_Show.asp?AccountID=1085687&ProjectID=1566971.

观念设计与建筑设计

步骤 1：量化功能拟定任务书

步骤 2：观念设计

步骤 3：建筑设计方案推进

步骤 4：内容自洽的设计表达

步骤 1：量化功能拟定任务书

本阶段的教学任务是：

（1）通过对各类规划设计的规范、资料集的阅读与学习，完成自身建筑设计任务书中“基本常设”功能内容的拟定；

（2）通过对“自上而下”研究结论中城市要求的总结、对“自下而上”研究结论中行为需求的整理，对该类型建筑设计的理论前沿、实践案例的借鉴研究，对于跨学科研究的成果借鉴，完成自身建筑设计任务书中“特色选设”功能内容的拟定。

通过以上过程，引导学生最终完成建筑设计的任务书拟定，并完成建筑任务书内各类空间的示范性设计，明确空间的基本尺寸、形态、品质要求，为之后的建筑设计工作提供设计起点。

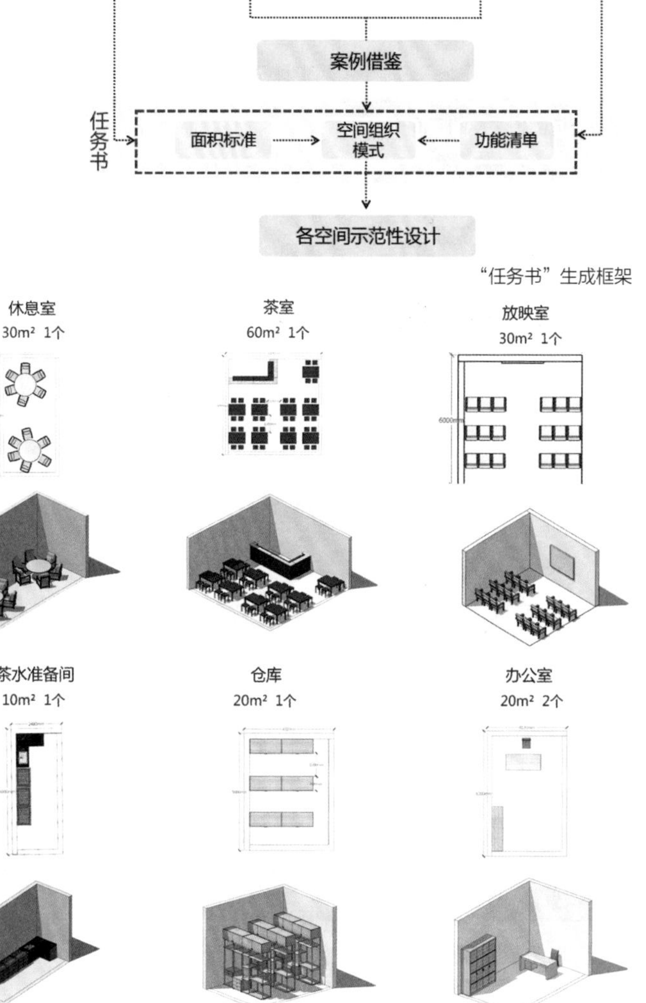

“任务书”生成框架

功能空间示范性设计 图片来源 / 学生作业

步骤 2：观念设计

教学目的是让学生形成设计概念和空间概念。

首先，学生根据“自上而下”研究中的城市要求与“自下而上”研究中的人群要求，找寻回应城市、行为问题的突破点，结合设计任务书，提出描绘建筑设计空间愿景和空间侧写的设计概念。

其次，学生根据对场地内城市肌理、文化特征的研究，汲取城市空间的特征，完成指导建筑设计空间语言、空间布局、空间结构逻辑生成的空间概念。

观念设计（设计概念和空间概念）和建筑设计任务书，将共同组成学生与教师推进建筑设计方案的基本语境。

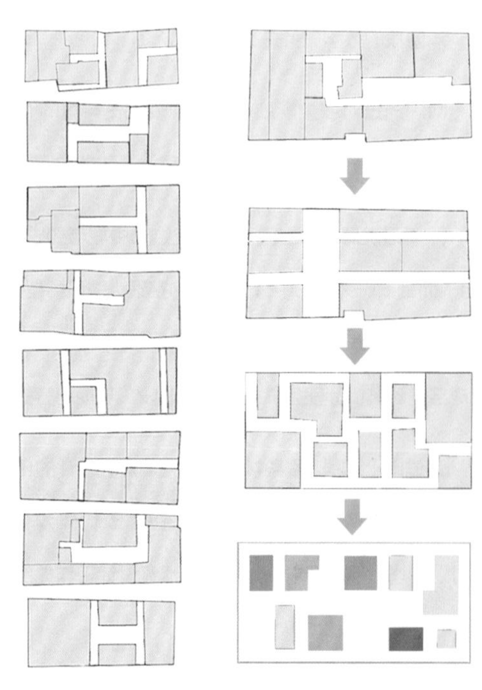

从城市肌理中获取空间概念

图片来源 /学生作业

设计概念表达

图片来源 /学生作业

步骤 3：建筑设计方案推进

本阶段的工作是建筑空间设计的基本内容。学生需要进行的工作包括：

（1）将观念设计中的设计概念进行转译，运用在“有情——空间情绪塑造练习”中的知识和技能，将抽象的对于空间愿景和空间侧写的语言描述、图像描绘，转化为具体的空间设计。

（2）将观念设计中的空间概念作为具体空间操作和设计推进的起点，将空间概念转化为空间语言，并运用“有境——空间设计训练”中的知识与技能，进行空间设计的推进，最终完成建筑设计方案。

本阶段的教学环节可以看作对“有境——空间设计训练”“有情——空间情绪塑造练习”两个环节的真实设计应用。

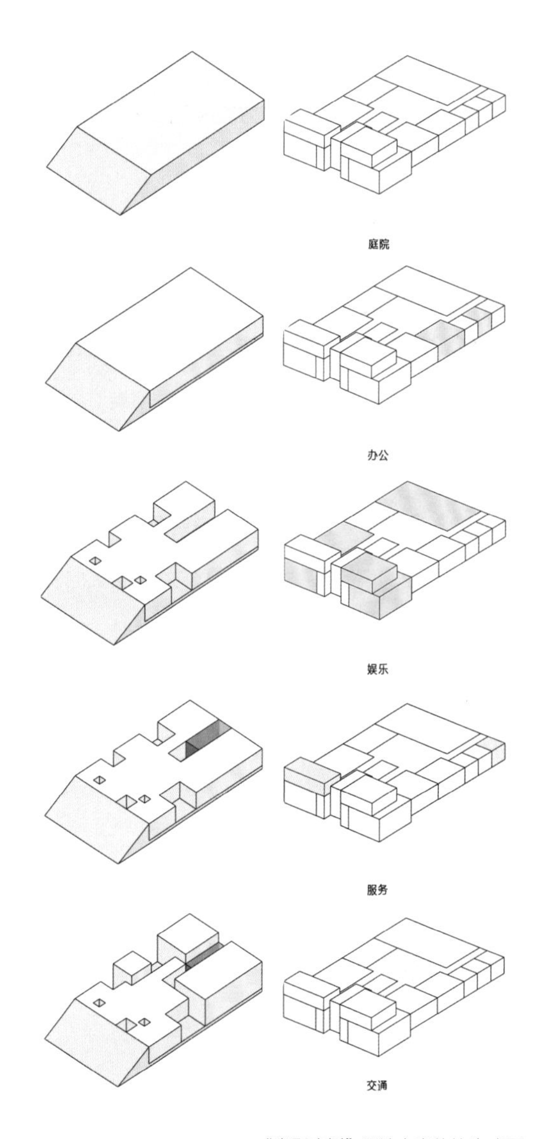

“光影魔树”设计方案体块生成图

图片来源 / 学生作业

步骤 4：内容自洽的设计表达

教学目的是培养学生熟练掌握专业制图方法和规范性表达能力；掌握选择与设计概念和方案内容高度自洽的设计表达方式的方法。

方案表达是设计师对自身设计观念、设计内容、设计细节、设计特色进行完整展示与阐释的重要环节。首先，应当引导学生做到规范制图，其次，应当指导学生理解图纸表达、模型制作的风格必须与自身的设计概念和设计内容自洽，最终对建筑设计方案进行统一的诠释。

本阶段教学中，教师要求学生在制图规范、表达清晰的基础上重点结合建筑设计的内容，选择与内容自洽的模型与图纸表达方式，包括图纸色彩、风格和模型材质选择，强化场地性格、设计概念及建筑方案在图纸和模型上的融合与延续，并理解设计的完整性。

图片来源 /学生作业

自下而上的场地研究

该组同学主要调研了书院门片区东侧的东木头市社区，以纵横交错的小巷为切入点，走访并记录了安居巷、东木头市东段路和柏树林大街共计 44 条小巷，发现了数量众多的小广告。

在对小广告的照片进行整理分类的过程中，他们发现一些有意思的现象。不同于我们印象中“重金求子”之类的虚假小广告，书院门及东木头市的有用广告高达 80%。各式各样的租房信息、朴素却又有趣的禁止告示……这些小广告更多地反映了市井生活。

一方面，小广告也被称为“城市牛皮癣”，乱贴小广告是一种违法行为，在我们的片区内，它同样难逃被涂改、被撕毁、被覆盖的命运。另一方面，对于片区内大量的老年人群体和文化水平不高的租客来说，小广告承担着重要的传播信息的作用。

基于这个矛盾，该组同学通过问卷调研和访谈的形式，对片区内居民的信息需求展开了深入的探究，结合“自上而下”的调研结果，论证了片区内建立一个以小广告为载体的信息集散地的合理性和必要性。因此，他们希望设计一个以信息集散功能为主的社区活动中心，并保留现有的小广告的形式，在空间上对调研的问题作出回应。

组长：王璇
西安建筑科技大学城乡规划专业 1703 班
2019 年 3 月 / 本科二年级第二学期

组员：王雨沫
西安建筑科技大学城乡规划专业 1703 班
2019 年 3 月 / 本科二年级第二学期

组员：王昊哲
西安建筑科技大学城乡规划专业 1703 班
2019 年 3 月 / 本科二年级第二学期

老乡会 | Fellow villager Association

学生们进入东木头市片区调研时发现，片区内的业态颇具特色，能看到广告牌上大多写着“徽商”“产地直销”“古江南”等字样，表明这些商品主要是以外地进货的形式进入当地市场，其中的人们也与产地有着千丝万缕的联系。于是他们深入调查和统计，发现其中有 39.5% 的店铺经营者是江西人，主要售卖文房四宝；24.5% 的是河南人，以经营餐饮和篆刻为主；还有 23.5% 是西安人，钟情于酒吧生意；此外还有来自山西、河北等地的经营者。外乡人在经营者中已经占了约 77%。大多数的外地人在此经营已经超过 10 年，返乡频率也基本上都在一年一次，所以片区对他们而言是第二个家。但是平时他们的交流受到片区内空间和设施的限制，仅有的两个商会也并不能起到组织他们日常交流和融合的作用。对于外乡人而言，他们满

足了生存立足的需要之后想进一步融入片区，而对于书院门片区而言，历史文化传承与各地文化的交融是双赢的目标，学生们想要解决他们目前缺少交流、较难融入的问题，于是对未来目标作出了定性定位——外乡人的互动空间 · 商会。

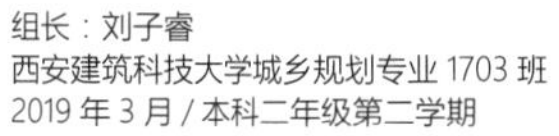

组长：刘子睿
西安建筑科技大学城乡规划专业 1703 班
2019 年 3 月 / 本科二年级第二学期

组员：齐雨萌
西安建筑科技大学城乡规划专业 1703 班
2019 年 3 月 / 本科二年级第二学期

组员：宋佳程
西安建筑科技大学城乡规划专业 1703 班
2019 年 3 月 / 本科二年级第二学期

呼应场所的建筑设计

上蹿下跳 | Jumping Up and Down

学生通过对片区的居民活动进行调查，发现片区内存在居民活动空间严重不足的问题，为解决这个问题而选择给居民创造开阔的活动场所。在设计时，学生联想到“被建筑垃圾堆满的空地”，提取其丰富的内部空间，可以跳、爬、跑，并且运用了丰富的色彩，显示了学生对城中村抱有的乐观向上的态度。该设计的设计概念生动有趣，建筑语言清晰，功能分区明确，流线简单且自由，较好地完成了学生个人对片区的畅想和要求，是一份优秀且富有生气的作品。

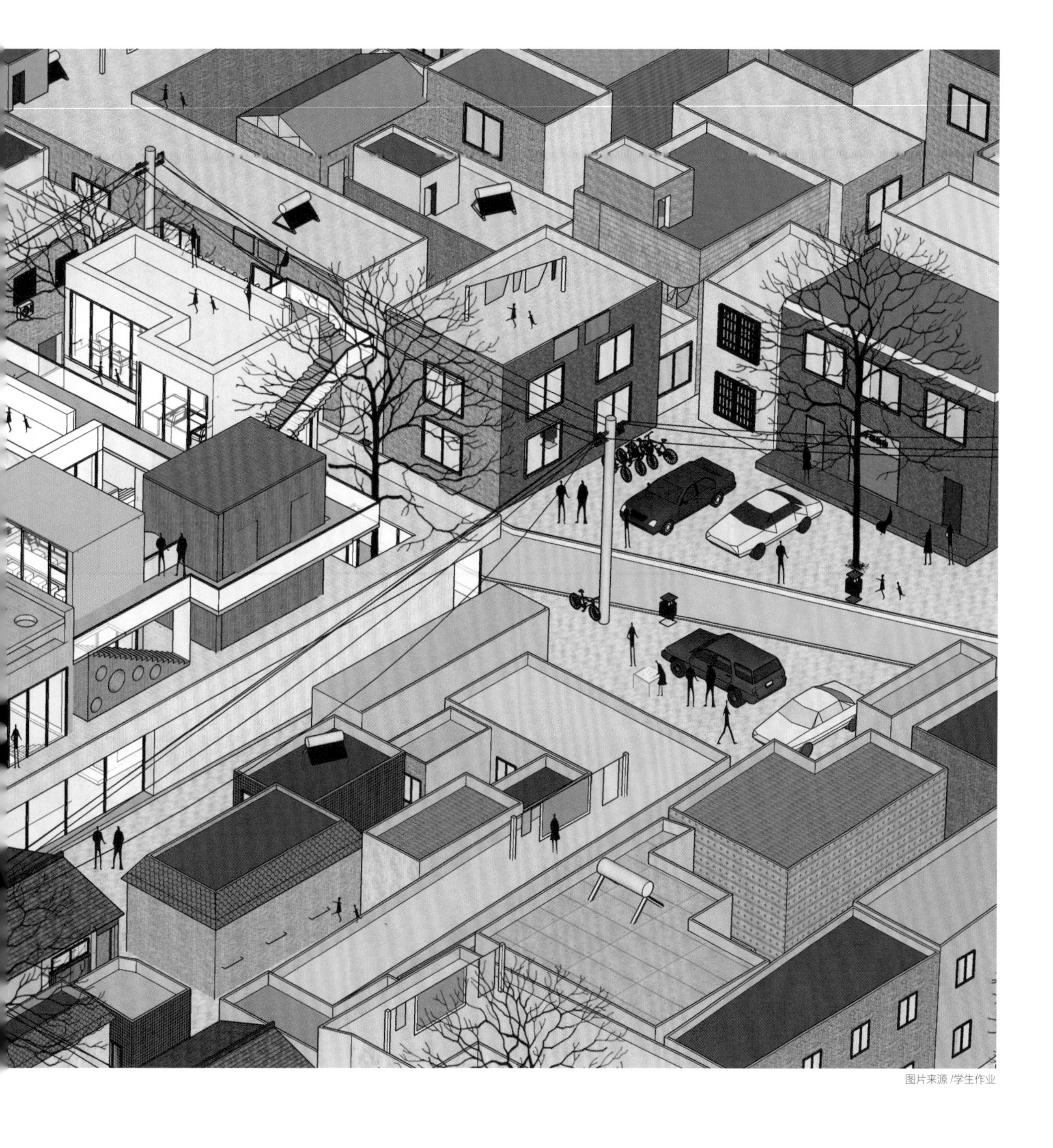

图片来源 / 学生作业

设计者：亢怡雪
西安建筑科技大学城乡规划专业 1403 班
2016 年 3 月 / 本科二年级第二学期

盒子功能解析

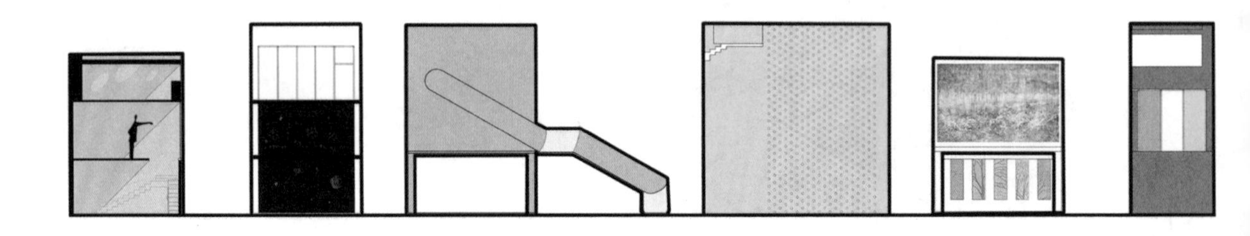

场景图

表皮是划缝混凝土，
色彩缤纷、醒目

大空间内有人们图书阅
览的区域，人们可以在
这里自由借阅

室内的盒子都独立存在，
人们的活动空间很大

展览空间平时展示社区
居民的文化艺术作品

攀岩区在黄色盒子
的外墙上，是有趣
的娱乐项目

下棋区域自由，人们可以
在这里交流

模型照片

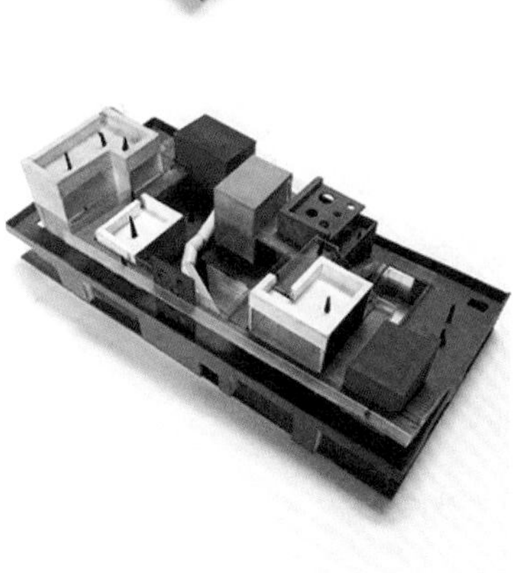

图片来源 /学生习作

骋怀苑 | Thrill Ride

学生通过调研发现片区内除了游客和商家以外，还有大量的老年人居于此地，但是该片区的生活环境较差，缺乏好的休憩活动场所。并且发现老年人往往喜欢听曲、下棋、喝茶、读书看报、唠嗑，不喜欢喧嚣，想回到乡野的生活状态。所以学生希望设计出一个时光盒子般的场所，能让老年人在此进行自己喜爱的活动，重新焕发活力。

该学生的设计从老年人的需求出发，颇具人性化，整体风格与书院门的气质相匹配。语言清晰、功能合理，并且基本还原了山间小院的形制，是一份比较具有情趣的作品。

图片来源 /学生作业

设计者：蔡臻
西安建筑科技大学城乡规划专业 1603 班
2018 年 3 月 / 本科二年级第二学期

茶院
曲苑

茶院

棋室

书院

功能流线图

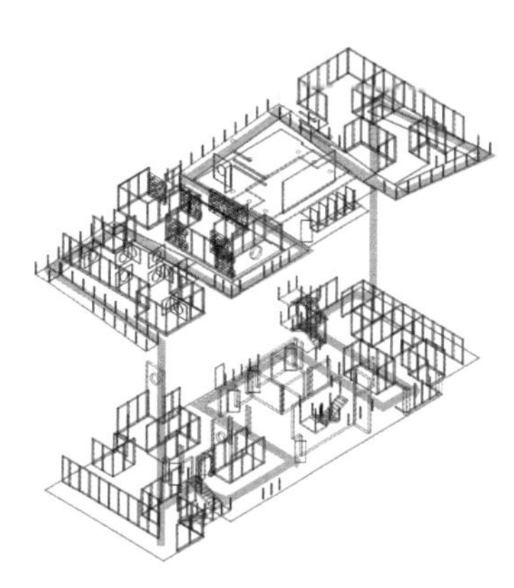

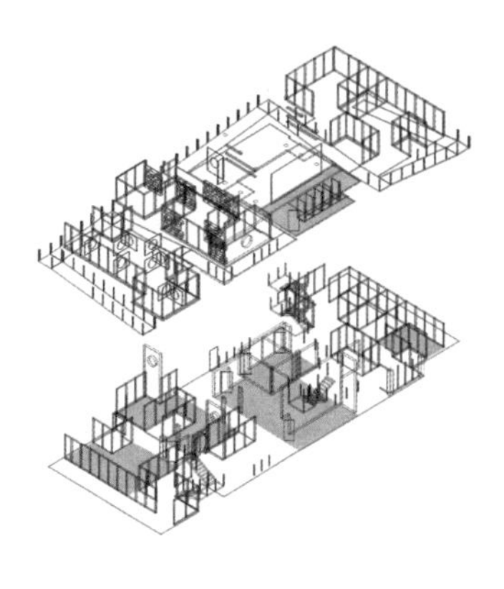

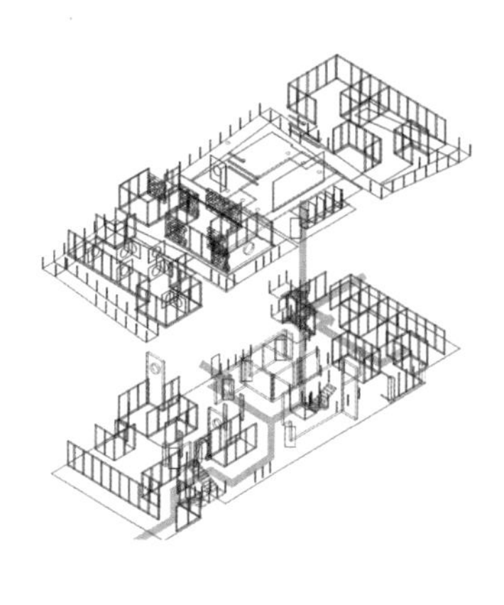

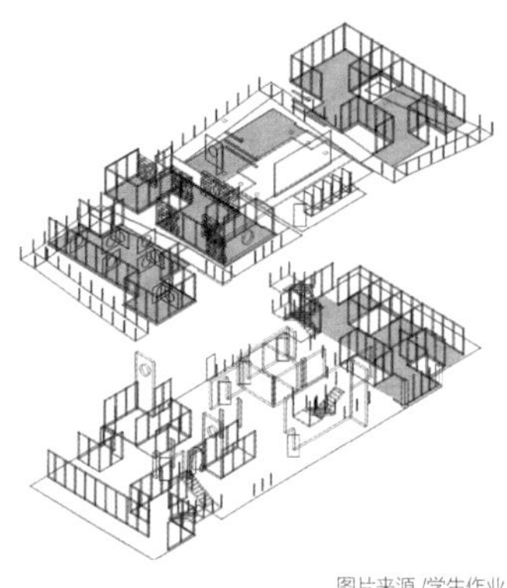

图片来源 /学生作业

廊中书院 | Academy in the Corridor

该生结合书院门浓厚的文化氛围和对人群需求的调研分析，提出要做一个以阅览功能为主的社区活动中心。

方案以中国传统空间组织方式间阖院为基础，并置入墙做变形，意欲营造古典气息。

该生以折廊串联所有空间，廊尺度的变化也形成了不同功能的空间，可阅览、可通行，可作为接待厅、多功能厅等。探讨了廊作为多义空间的可能性。

图片来源 /学生作业

设计者：邓艺涵
西安建筑科技大学城乡规划专业 1403 班
2016 年 3 月 / 本科二年级第二学期

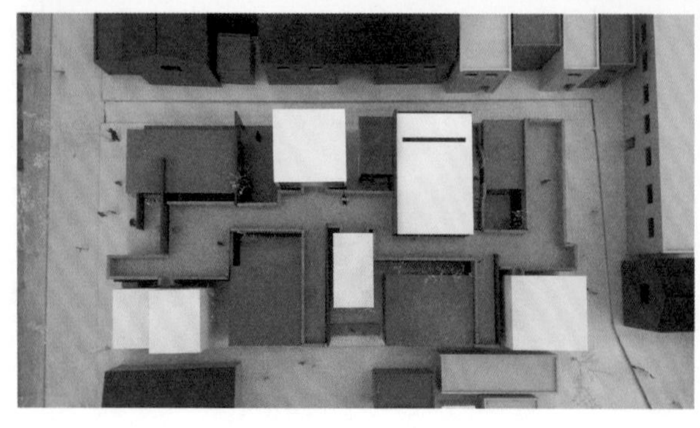